改变，从心开始

立品图书·自觉·觉他
www.tobebooks.net
出品

与无常共处

108篇生活的智慧

［美］佩玛·丘卓 著

胡因梦 译

深圳报业集团出版社
SHENZHEN PRESS GROUP PUBLISHING HOUSE

责任编辑：陈曦
装帧设计：亿点印象

图书在版编目（CIP）数据

与无常共处：108篇生活的智慧 /（美）丘卓著；
胡因梦译 . -- 深圳：深圳报业集团出版社，2013.2
 ISBN 978-7-80709-450-0

Ⅰ . ①与… Ⅱ . ①丘… ②胡… Ⅲ . ①人生哲学－通俗读物 Ⅳ . ① B821-49

中国版本图书馆 CIP 数据核字（2013）第 019142 号

COMFORTABLE WITH UNCERTAINTY: 108 Teachings on Cultivating Fearlessness and Compassion by Pema Chödrön
Copyright©2002 by Pema Chödrön and Emily Hilburn Sell
Published by arrangement with Shambhala Publications,Inc.
Horticultural Hall, 300 Massachusetts Avenue, Boston, MA 02115,U.S.A.,
www.shambhala.com
through Bardon-Chinese Media Agency
Simplified Chinese translation copyright©2013 by Beijing Lipin Publishing Co., Ltd.
ALL RIGHTS RESERVED

中文译稿经由心灵工坊文化事业股份有限公司授权北京立品图书有限公司使用在中国大陆地区出版发行

与无常共处：108 篇生活的智慧

YU WUCHANG GONGCHU: 108PIAN SHENGHUO DE ZHIHUI

［美］佩玛·丘卓 著
胡因梦 译

深圳报业集团出版社出版发行
（518009 深圳市深南大道 6008 号）
三河市华晨印务有限公司印制 新华书店经销
2013 年 2 月第 1 版 2013 年 2 月第 1 次印刷
开本：787mm×1092mm 1/16
印张：12.5 字数：100 千字
ISBN 978-7-80709-450-0 定价：28.00 元

深报版图书版权所有，侵权必究。
深报版图书凡是有印装质量问题，请随时向承印厂调换。

愿众生都享有安乐及安乐之源

愿我们都能解脱苦难及苦难之源

愿我们永不脱离无苦之乐

愿我们永住平等之心，远离爱欲、侵略性和偏见

导言：随手可读的修行书

埃米莉·希尔伯恩·塞尔

本书结集了佩玛·丘卓数本著作中的一百零八篇教诲。它们是大乘佛法的精髓，也是引领我们人生的智慧。"大乘"意味着更大的乘具，这条道路能引导我们逐渐脱离自我沉迷的紧缩状态，进入一个与全人类建立深刻情谊的宏大世界。本书拣选出来的教诲，能让我们一瞻大乘佛法的堂奥，品尝到它所提供的修行方法，以及能够在生活里实际应用的洞识和禅修。

佩玛汲取的教诲源自于一个长远的传承和师承。她的风格相当独特，不过她的教诲没有一则是独创的。她的教法尤其受到她根本上师创巴仁波切的影响。创巴仁波切是第一位用英文传授佛法给西方人的西藏人，他结合了噶举与宁玛这两个藏密传承的法教，并且引介了香巴拉的教诲。香巴拉是传说中的一个解脱社会，它的精神根植于本善、禅定、菩提心、友爱和慈悲的觉醒之心。据说香巴拉的第一个国王从佛陀那儿听闻到佛法之后，便身体力行地开始修持，然后将佛法传给了他的子民。创巴仁波切称这个适合在家众修持的传承为"勇士菩萨的圣道"，这条道路强调的是我们与生俱来的觉醒本质（"本善"）。修行就是要发现我们的本善，培养菩提心。如果抱持这个观点，那么修行、各种的活动，甚至最世俗的情况，都能变成觉醒的工具。

因为这些教诲是奠基在宇宙法则及日常的实际情况之上的，所以它们能够一直存留下来——至少有两千五百年的历史了。它们绝不是教条。老师总是鼓励学生要亲自去实验它们，体证个中的真理。基于这个理由，这些教诲具有高度的适应性。它们可以适用于任何一种语言和任何一种文化。佩玛·丘卓承继了创巴仁波切的香巴拉传统，将这个古老的修持方式和香巴拉的勇士传承，融入到现代文化和精神之中。

在本质上，这些教诲乃是要告诉我们，如果能培养正念和觉察力，我们就能体认到自己与生俱来的资粮，而将其与人分享。这个内在的宝藏便是所谓的菩提心。它像是深埋于我们心中的一颗珍宝——只要条件成熟，它就会显露出来。菩提心通常有两种面向：绝对与相对。绝对菩提心是我们最本然的状态，它是令我们和地球众生产生联结的根本善性。它拥有许多称号：开放之心，终极真理，我们的真实本性，柔软地带，温柔之心，或是"真如"。它结合了慈悲的品质、无条件的开放性以及睿智。它是没有任何概念、意见和自他之分的解脱之心。

导言：随手可读的修行书

虽然绝对菩提心就是我们最本然的状态，我们仍然被它那无条件的开放性所威迫。我们的本心是那么的脆弱和温柔，因此我们必须虚构出一堵墙来保护它。即使是看到这堵墙的存在，都需要下极大的内在功夫，若想除掉它，却必须温柔相待。诚如佩玛所言，我们不需要立刻拆解掉它，或是"拿起大铁锤来击垮它"，因为安住于开放的本善是终生要学习的功课。这些教诲提供了我们温柔而精确的方法，帮助我们持续地修行下去。

相对菩提心指的是以勇气和慈悲来探索我们的仁心，尽量安住于其上，并逐渐拓宽它。培养相对菩提心的关键，就在于继续敞开心胸面对痛苦，而不去封闭它。慢慢地，我们将学会揭露内在无限量的爱、慈悲、喜悦和平等心，并将其拓展到他人身上。把我们的心拓宽到这种程度，是需要勇气和善意的。

有几种修持方式可以帮助我们敞开心胸面对自己和他人。其中最基本的训练就是坐禅，它能使我们熟习自己的空性和无所依恃的本质。另一项重要的修持，是由11世纪佛教大师阿底峡尊者传授下来的修心七要。修心七要包括了两个部分：一是自他交换（藏密的施受法），亦即将痛苦吸进来，将快乐呼出去；二是熟记修心口诀，并利用这些简单的口诀来倒转自我中心的习性。这些方法教我们把那些看似最严重的障碍——愤怒、嫌恶、恐惧、嫉妒——当成是觉醒的燃料。

与无常共处

在本书中佩玛教导我们坐禅的方法、施受法、修心七要、发四无量心,来觉醒内在的菩提心。借着每日的坐禅练习,我们会越来越熟习自己的开放本质。我们会更有定力,更能安住于其中。下座之后进入日常生活里,我们要开始进行实验,看看自己能不能敞开心胸面对最不愉快的情境。借着施受法和修心口诀,我们才开始品尝到令我们害怕的事是什么滋味,并且开始有能力趋向以前一直在躲避的事物。若想进一步地突破自己的局限,敞开我们的心胸,就必须透过四无量心——友爱心(梵文称为慈心)、悲悯心、欢喜心和平等心——为其他众生发愿。

此外,我们还可以勤修六度波罗蜜,来超越人类奇特的自保本能,以及逃避觉醒之喜悦的本能。佩玛称六度行动为"六种慈悲的生活方式":布施、持戒、忍辱、精进、禅定、般若或智慧。这些修持方法的基础,都是要培养慈心,也就是对自己的一份无条件的友爱,我们要告诉自己:"就从目前的条件开始修起。"

在佛法中,这条道路便是菩萨道。简而言之,所谓的菩萨,指的就是发愿从觉醒的本心采取行动的人。按照香巴拉的教诲,此即勇士之道。为了结合这两种观念,佩玛比较喜欢采用"勇士菩萨"这个词汇,因为它暗示着一股鲜活而勇往直前的能量,以及甘愿为众生的利益而受苦的心量。这样的行动还涉及克服自欺、克服自我防卫以及试图让自己安全的所有惯性反应——由概念形成的监狱。温柔而精确地突破自我的障碍，我们将直接体验到内在的菩提心。

  这条路上的每一个人都发愿安住于未知——满怀欣喜地。痛苦的根由就是不肯接纳未知，无论面对的是什么情况，未知才是我们真正拥有的东西。佩玛的教诲鼓励我们以安适的心情面对未知，看看会发生什么事。我们所谓的未知，其实就是每个当下的开放性。如果能安住于这份开放性——它永远都在我们的眼前——你会发现自己关爱别人的能力，其实是无穷无尽的。

  如果读者已经接受过坐禅的训练，本书的教诲可以当成日常或每周、每月的修行警训。至于那些尚未开始禅修的人，本书可以带给你一些新的信息——但不是要取代你原先的修行方法。

  这一百零八篇的教诲，都是从佩玛以往的著作中摘录下来的。在编这本书的时候，我将它们观想成一颗水晶念珠的一百零八个面向。但愿它们能带来无限的裨益。

译者感言

胡因梦

在世界局势如此动荡不安的未知时刻,愿本书能带给读者无可限量的勇气、悲悯和安忍的毅力。

目 录

1　永不消逝的爱 1
2　菩提心的治愈力 2
3　安住于无常 3
4　不逃避的智慧 5
5　友爱：主要的精神修持 7
6　友爱与禅修 9
7　为何要修持禅定 11
8　坐禅的六个要诀 13
9　没有所谓的"真实故事"这回事 15
10　坐禅 16
11　慈心的四种品质 18
12　苦难的根由 20
13　四季更迭与四圣谛 21
14　生命的真相：无常 23
15　不造成任何伤害 25

16	法	27
17	正念与自制力	29
18	随它去	30
19	修心七要	32
20	一切活动皆以同样的心意来面对	33
21	将刀箭转成花朵	34
22	无坚不摧	36
23	生命的真相：无我	37
24	安住于中道	39
25	以自己的见证为准	41
26	面临边缘地带	43
27	人生的真相：苦	45
28	希望与恐惧	47
29	放轻松（换个不同的做法）	48
30	四种警训	50
31	天堂与地狱	52
32	三种徒劳无益的对策	54
33	倒转轮回	56
34	培养四无量心	57
35	友爱心的修炼	59
36	培养慈悲心	61
37	慈悲心的修炼方法	63

目录

38 培养喜乐心 65
39 平等心的修持 67
40 扩大心量 69
41 安于当下 70
42 施受法与无惧 72
43 施受法：领悟众生一体的关键方法 74
44 施受法的四个步骤 76
45 从当下开始做起 77
46 认识恐惧 79
47 识出苦难 80
48 改变你的人生态度，不过要保持自然 82
49 友爱与施受法 84
50 即时安住 86
51 深化的施受法 87
52 空船 89
53 三毒 90
54 随时可行的施受法 92
55 从目前的状态开始修起 94
56 经验你的人生 95
57 如实见到真相 96
58 佛陀 97
59 当下 99

60	日常生活中的爱	101
61	扩大慈悲心的范围	103
62	不方便	104
63	进一步扩大慈悲心的范围	105
64	什么是业力？	106
65	成长	107
66	不要期待别人的赞赏	108
67	六种慈悲的生活方式	109
68	般若	111
69	布施	113
70	持戒	115
71	忍辱	117
72	精进	119
73	禅定	121
74	让世界说出自己的真相（不应颠倒）	123
75	禅定和般若	125
76	维持心胸的开阔	127
77	断一切果求	128
78	清凉的孤独	130
79	当学三种难	131
80	沟通	133
81	大关卡	135

目录

82 好奇心与慈悲心的范围 137
83 扩大施受法的范围 139
84 对所有的人感恩 140
85 障碍 141
86 六种独处的方式 142
87 彻底加工 143
88 一门深入的承诺 144
89 三种对治混乱的方法 146
90 就地修平等心 148
91 真理是很不方便的 149
92 安住于无惧的状态 151
93 最重要的悖论 153
94 无依无恃 155
95 将所有的错都归于一 157
96 当下就是良师 159
97 迎请未了之业 160
98 四种安住的方法 161
99 培养宽恕之心 163
100 一体的两面 164
101 僧团 166
102 就像我一样（就地发慈悲心）................. 168
103 修持五力，此乃浓缩的修心精要.............. 170

104	扭转轮回	172
105	过程就是目标	174
106	强化的神经官能症	175
107	慈悲的探索	177
108	永远维持喜悦的心情	179

回向文 180

1 永不消逝的爱

　　心灵觉醒经常被描述成一趟登山涉岭之旅。我们舍弃了对世俗的执著，缓步迈向山顶。到达顶峰时，我们已经转化了所有的痛苦。这个比喻只有一个问题：其他人似乎被我们置之度外了。他们的苦难还是延续着，不会因为我们的出离而得到纾解。

　　勇士菩萨之道则是朝着山下行进，似乎山顶的方向是在地面而非天空。与其超越众生的苦难，我们反过来尽量深入于内心的骚乱和困惑。我们探索危险和痛苦的真相及其不可逆料的本质，而不企图将它们推开。就算花上一辈子的岁月，也在所不惜。我们本着自己的节奏，不疾不徐地朝着山下一步一步地行进。与我门同行的有数百万人，他们都是逐渐从恐惧中觉醒的道友。

　　到达山脚时我们发现了水源——富有治愈力的菩提心泉。菩提心就是我们那颗柔软易感而受创的心。在水深火热之中，我们发现了永不消逝的爱。它是平和而温暖的，它是清彻而灵敏的，它是开放而宽大的。觉醒的菩提心就是众生最根本的善性。

2 菩提心的治愈力

菩提心在梵文里指的是"高尚或觉醒的心",如同奶油源自于牛奶,香油取自于芝麻,"菩提心"这个柔软地带,也潜藏在你我的心中。有人将它与爱的能力等同看待。不论我们有多么无情、自私或贪婪,真诚的菩提心永远也不会丧失。它就在众生的身上,从未损毁,一向完整无缺。

据说面临困境时,只有菩提心能治愈伤痛。当心灵得不到任何启示时,当我们正准备彻底放弃时,我们很可能在心中那痛苦的脆弱地带,发现到这股疗愈的力量。有人也将菩提心与慈悲心——与众生同悲共苦的心——等同看待。若是不能发现到它,我们还是会继续护卫自己,不去面对那令我们害怕的恐惧。因为深怕自己会受伤,于是我们竖起了由偏见、对策、情绪和论断所构筑的围墙。然而就像埋在土里上百万年的珍宝一样,这颗高尚的心是不会褪色或受损的,纵使我们用尽各种办法不去发现它。这颗珍宝任何时刻都能重见天日,它将若无其事地绽放出耀眼的光华。

如果我们不再企图掩盖自己的脆弱,不再遮蔽生存易碎的本质,这颗仁慈的菩提心就会觉醒。

3 安住于无常

全力觉醒菩提心的人，便是所谓的菩萨或勇士——不是打打杀杀的战士，而是闻声救苦的和平勇士。勇士菩萨涉入困难的情境里，为的是减除众生的苦难。他们愿意看穿内心的反应和自欺。他们致力于揭露那根本而真实的菩提心。

勇士愿意承认，自己对未来将发生的事是一无所知的。我们总希望凡事都能平安，而且在预料之中；我们总想活得舒适而安全。但人生的真相却是：我们永远无法躲避无常变易。这份未知的感觉，本是这趟冒险之旅的一部分。这也是令我们恐惧的原因之一。

不论我们身处何方，都可以训练自己成为一名勇士。我们的工具就是禅定、施受法、修心七要、培养四无量心——友爱、慈悲、欢喜和平等。有了这些修持方法的帮助，我们将在痛苦与感恩里，在盛怒与惊恐的战栗之中，发现到那颗柔软的菩提心。在孤寂与仁慈的感受里，我们将揭露自己与生俱来的善性。但菩提心的修持并不能保证快乐的结局。这个一直想得到安全感、一直想抓住什么的"我"，最终也许什么都没找到,却因为这场追寻而长大了。

倘若我们怀疑自己是否真能成为一名勇士,不妨深思以下这则问题:"我愿意以成熟的态度直接面对人生,还是宁愿老死于恐惧之中?"

4　不逃避的智慧

✐ 不逃避的智慧

勇士的训练并不是要教会我们如何闪躲无常及恐惧，而是要学会与不舒畅的感觉共处。我们该如何与困境、与自己的情绪、与日常不可逆料的遭遇共处呢？对我们这些急于想得到解答的人来说，痛苦的情绪就像高高竖立的一面旗帜，上面写着："你又卡住了！"我们应该将失望、丢脸、焦躁、嫉妒和恐惧的时刻，当作是一种提醒，让我们看见自己正在退缩，正在以某种方式封闭住内心。这些令人不舒服的感觉可以提醒我们，要振作起精神面对眼前的情境，虽然我们宁愿屈服和退缩。

当旗子高高竖起时，我们的机会就出现了：与其陷入妄想中，不如安住在痛苦的情绪里。只有学会安住于痛苦，我们才能温柔地察觉，自己正企图将嫌恶之心硬化成归咎、自以为是，或是一种疏离的心态。我们有时也会制造出一种心灵启示或解脱的情绪，让自己舒服一些。要能觉察到这些心态，总是说易行难的。

我们通常都会被自己的习性牵着走。我们一点也不想干预自己的惯性模式。但精神修持可以使我们安住在破碎的心、无名的恐惧、想要报复的欲望之上。安住于无常,可以让我们学会在混乱的情境里放松下来,在脚下无立足之地时,让心情冷静下来。每天我们都可以不断地把自己领回到心灵的道路上,只要我们心甘情愿地安住于当下的无常——一次又一次地安住。

5 友爱：主要的精神修持

对于一名立下菩萨宏愿的勇士而言，最主要的修持就是培养慈心或友爱之心。香巴拉勇士之道有句格言：将恐惧之心置于友爱的摇篮里。另一个惯用的慈爱意象描绘的则是母鸟护育它的幼子，直到它们有能力振翅高飞为止。人们有时会问道："在这个画面里，我到底是谁——是母鸟，还是那幼子？"答案是，我们两者皆是：既是慈爱的母亲，也是那些丑小鸭。不过我们比较容易认同那些小宝贝——眼睛看不见东西，稚嫩而又极需母亲的照料。我们真是一个既不完美又备受疼爱的组合体。不论我们是以此种态度来对待自己还是别人，这都是学习如何去爱的关键所在。我们学习与自己以及与别人相处，即使我们还在吵着要东西吃，身上光秃秃的连羽毛都还没长出来，或者以世间的标准，我们已经出落得可爱动人了。

在培养友爱的过程里，我们首先要训练自己以诚心、善意和仁慈来对待自己。与其助长自责，不如培养清明的善意。有时我们觉得自己友善而坚强，有时又觉得不安与懦弱。但

与无常共处

如同母爱一般,慈心是无条件的;不论我们的感受如何,都要发愿活得快乐。我们要学会播下安康的种子。逐渐地,我们将越来越明白什么"因"会带来快乐,什么"因"会造成苦恼。缺少了对自己的一份友爱,我们很难真的关爱别人。

6 友爱与禅修

一旦开始禅修或进行任何一种心灵上的修持，我们通常会以为自己将有所长进了，其实这是一种细微的自我侵犯。这就像是在对自己说："如果我每天慢跑的话，一定会变成更完美的人。""假设我有一幢更好的房子，一定会变成更好的人。""如果我的禅定功夫加深了，就会变成更善良的人。"或者我们的台词可能是找别人的碴儿，我们可能会说："如果当初嫁的不是我先生，我的婚姻一定非常完美。""要不是因为我的老板无法跟我相处，我的工作还真不赖呢！"或者，"要不是因为长了这颗脑袋，我的禅定功夫一定会更棒！"

但是对自己友爱——慈心——并不意味要去除什么东西。慈心意味着我们仍然会懒散，仍然会发怒。我们仍旧会感觉到羞怯、嫉妒，或充满着一份毫无价值的感伤。修持并不是要将旧有的自己抛弃，变成一个更完美的人。它其实是要我们学会跟真实的自己做朋友。修持的基础就是要接受你或我或当下的自己，如实地接受。我们要怀着高度的好奇心和兴趣来认识自己。

与无常共处

好奇心涉及的是温柔、精确与开放——有能力放下和敞开胸怀。"温柔"意味着以善心对待自己。"精确"意味着有能力看清楚事物，不害怕看到事情的真相。"开放"则意味着放下和敞开胸怀。我们一旦拥有了这样的诚心、仁心以及善意，再加上一些自知之明，就能畅然无阻地去爱别人了。

7 为何要修持禅定

身为生物的一员,我们永远不该错估自己对不舒畅感的低耐受性。现在有人鼓励我们和内心的脆弱共处,我们不妨善加利用这个新观点。坐禅可以帮助我们达到这一点。坐禅又称作正念修持,它是菩提心法的基础,也是勇士菩萨的宝座。

坐禅让我们更接近自己的思维和情绪,让我们跟身体保持联结。这个方法能培养出无条件爱护自己的能力,并能掀起那令我们和众生的苦难保持冷漠距离的屏幕。它能帮助我们成为一个真正有爱心的人。

透过禅定我们会逐渐发现,内心里永不休止的对话终于有了空隙。正值我们和自己喋喋不休对话的当儿,我们突然经验到一段空档,犹如大梦初醒一般。我们发现自己突然有能力放松下来,安住在那清明、开阔、早就存于心中的本觉。我们终于经验到"当下"这一刻,它是那么单纯、直接而又祥和。无条件或绝对菩提心的修炼方法,就是要回归到眼前这一刻。单纯地安住于当下，我们将越来越深入于我们生命中的空性。感觉上就像是跨出了幻境，突然发现一个单纯的真相。

8 坐禅的六个要诀

坐禅首先要保持良好的坐姿。觉察坐姿的六个部位，乃是放松身心的要领所在。原则如下：

座位 不论是坐在蒲团上、地上或椅子上，座位都应该是平坦的，左右前后都不能倾斜。

腿部 双腿舒适地盘起来——如果是坐在椅子上，两脚要平放在地上，两膝相距数寸远。

躯干 躯干（从头到底座）要直，背部要挺立，前胸要开展。如果是坐在椅子上，背部最好不要靠着椅背。如果姿势松垮了，坐直就对了。

手部 手掌向下，手指松开，放在腿上。

眼部 眼睛张开，代表人是清醒的，对所有发生的事都轻松以待。目光略为朝下，把焦点放在前方四至六尺的地面上。

嘴部 嘴要微微张开，让颚骨放松，用鼻嘴同时轻柔地呼吸。舌尖轻抵上颚。

每次坐下来都要检查这六个部位。只要一发现自己分心了，就把注意力重新收回到身体上，再检查一下这六个部位。

9 没有所谓的"真实故事"这回事

我们不断地将各种偏见、对策、论断和情绪，编织成固着的真相，借其来夸大我们的痛苦和烦恼。然而事情并不像表面那么坚实、可测及无缝。

坐禅时我们观照从心中生起的念头，为它们加上"妄念"的标签，然后回到呼吸之上。如果我们寻伺念头的开端、中点和结尾，我们很快就会发现，念头根本是虚妄不实的。前念变成后念的那一刻，就像沸水变成水蒸汽一般。但是我们已经习惯将念头搅成一团故事，让我们确信自己的身份、自己的快乐、自己的痛苦以及自己的烦恼，都是坚实不变的独立存有。事实上，如同妄念一般，这些建构出来的东西，也是不断在改变的。每一个情境，每一个念头，每一句言语，每一份感情，都只是一闪而逝的回忆罢了。

智慧本是一种流畅无阻的过程，而不是可以累积或度量的固着之物。勇士菩萨的训练，就是要将一切事物看成是梦幻泡影。人生本是一场梦，死亡也是一场梦，醒时是梦，睡时亦是梦。这场梦就是我们当下的经验。企图把故事当真来抓住任何一个时刻，只会障碍住我们本有的智慧。

10 坐禅

禅定是让你放松下来的一种正式的修炼。我鼓励你按照指示确实去做，不过内心要保持柔软。整件事都以温柔的态度来应对。吐气时，轻柔地觉知一下自己的气息，然后感觉气息融入于大气之中，逐渐消解于无形。你不需要紧盯着呼出的气息不放，只要放松地随息就够了。过往的老师并未明确指示出在两息之间要做些什么——通常都是以不执著的态度来面对，直到下一次吐气时为止。

坐禅时为自己的念头加标签，可以提供我们强而有力的支撑，帮助我们联结心中那新颖、开阔而又毫无偏见的次元。每当我们发现自己生起妄想时，就对自己说"妄念"，但心态要非常温柔而不带任何成见。然后我们回来专注于呼吸之上。我们将妄念看成是肥皂泡泡，加标签的时候，就像是用羽毛对它轻触一下似的。我们用"妄念"这个标签，在心里轻触一下当时生起的念头，它们很自然会消融于虚空之中。如果念头消逝了，你还是觉得焦虑和紧张，那么就以宽容的态度，允许那股情绪存留于心中，随它去。当念头再度生起时，如实看着它们。没什么大不了的。这样你就会放松下来。

　　为念头加上"妄念"的标签，是个很有趣的修持方法。我们可以透过这个方法，发展出温柔和不批判的态度。友爱本是一种无条件的善意，因此每当你对自己说"妄念"时，你都是在培养无条件的善意，来面对心中生起的反应。这种无条件的慈悲是很难出现的，因此本篇所提到的这个简单而又直接的方法，对于觉醒慈悲心而言，可说是格外珍贵的法门之一。

11 慈心的四种品质

禅定就是如实接纳我们的真相,包括我们的困惑和清明在内。全然接纳自己,乃是以单纯而直接的方式和自己建立关系。我们称之为慈心。透过禅定我们可以培养出慈心的四种品质:

定力 练习坐禅时,就是在加强身心的定力。

洞察 洞察指的是我们不再那么容易自欺了。日复一日、年复一年地练习坐禅,我们会开始诚实面对自己。

体验我们的情绪烦扰 练习放下心中自圆其说的剧情故事,开始贴近各种情绪和恐惧。安住于那股情绪,体验它,随它去,不让它增殖。如此我们就能训练自己敞开那颗充满着恐惧的心,安住在那股焦虑的能量之中。我们以这种方式学习如何安忍在情绪的烦扰里。

全神贯注于当下 我们选择每时每刻全神贯注于当下。觉察当下身心的真相,是一种温柔对待自己、对待别人、对待世界的方式。这份留意的品质,本是我们与生俱来的一份爱的能力。

11　慈心的四种品质

这四种品质不只应用于坐禅，也是修持菩提心和面对日常困境的要素。一旦培养出这些品质，我们就可以接受勇士的训练了。我们终将发现自己的本性是菩提心，而不是困惑无明。

与无常共处

12 苦难的根由

　　趋乐避苦、追求安全而逃避无恃无依、讲求舒适而逃避不安，这些都是令我们不快乐和心胸狭隘的原因。这些倾向将我们封闭在一个狭小的茧中。群星、银河及浩瀚无际的晴空都在茧外，我们却宁愿关在茧中度日。时间分秒不停地流逝，我们却仍然决定留在茧内，不想破茧而出，进入浩瀚的虚空。茧内的生活是舒适而安全的。我们把它打理得好极了。它既是安全的、可测的、方便的，又是值得信赖的。如果感受到一点不安，我们会立刻将空隙填满。

　　我们的心永远在寻找安全地带。我们认为人生就是要追求安全感，让一切都在掌握之中。死亡则意味着丧失了这一切。我们害怕失去心中的安全幻觉——这才是我们焦虑的原因所在。我们总想知道眼前发生了什么事。

　　我们的心一直在寻找安全地带，但这些安全地带不断在瓦解之中。接着我们又匍匐前进寻找另一个安全地带。我们浪费了所有的能量，虚度了我们的人生，就是为了重新创造出一些不断在瓦解的安全地带，这便是轮回的本质——一直在错误的地方寻找快乐，就是一种苦的恶性循环。

13 四季更迭与四圣谛

佛陀初转法轮时所教导的便是四圣谛,首先他谈到了"苦"谛。身为人类一定会有不舒畅的感受。事物的本质不可能非此即彼。我们周遭的一切都是由地、水、火、风这四大元素所组成的,它们如同魔法师一般。我们的心也像四季更迭一样地多变。我们的情绪犹如潮来潮往消涨不停,我们的嗔心如同月圆月缺阴晴不定。我们看不清自己的心就像四季的更替,它并不是坚实不变的。

第二圣谛告诉我们,抗拒之心本是"自我"的运作机制;抗拒人生的真相正是苦的起因。传统的说法则是,执著于"我"或是我们的狭隘观点,即是苦的缘由。我们不愿承认自己的心改变的速度就像季节一般,而我们和众生的能量其实是同源的。每当我们在抗拒时,就是在固化自我。我们会让自己变得冥顽不化。抗拒便是我们所谓的"自我"。四圣谛的"灭谛"却指示我们,如果不再企图保有这个巨大的"我",苦就会熄灭。这正是我们在坐禅时要练习做到的事。我们一旦放下了心中的妄念和剧情,就必须和自己一直想抗拒的不适感共处了。

　　坐禅时，四圣谛会让我们体认到，我们和万物都源自于同样的创造能量。如果学会不动如山地偃坐于飓风之中，赤裸地面对当下的真相和鲜活的能量，我们就不再是凡事都想顺自己意的孤立生命了。如果能停止抗拒的习性，让不舒畅的感觉轻轻掠过心头，我们就能完整地度日。一切都取决于我们自己了。

14 生命的真相：无常

根据佛陀的观察，众生都受制于三种特性：无常、无我、苦或不知足。在我们的亲身经验里去发现这些生命的特质，可以帮助我们以轻松的心情看待事物。第一个印记便是"无常"。没有一件事是固定不变的，凡事都在改变和飞逝，此乃存在的第一法印。我们不需要变成神秘主义者或科学家，就能明白这层道理。然而在个人经验的层次上，我们却拒绝接受这个基本事实。因为这意味着人生不是依照我们的旨意而运转的。这意味着有得必有失。我们不喜欢这个真相。

我们知道凡事皆无常，我们很清楚事物终将耗尽。虽然我们的头脑接受了这个事实，情感上却对它有一种根深蒂固的反感。我们渴望永恒不变，我们期待永恒不灭。我们本能的倾向就是追寻安全感，而且深信自己能够找到它。日常生活里的无常，便是我们所经验到的挫折。我们利用例行活动来遮蔽真实情况的暧昧不明，并且耗费了大量的精力，企图将无常与死亡阻隔于外。我们不喜欢自己的身材变形。我们不希望自己年华老去。我们害怕皱纹和松弛的肌肤。我们使用健康产品,就好像我们真的相信自己的皮肤、头发、眼睛和牙齿,可以奇迹般地逃脱无常的定律。

  佛法让我们学会不再以如此狭隘的方式面对无常。它促使我们逐渐放松下来,全心体认"无常变易"这个平常而明显的事实。认清这个事实,并不意味着只看到人生的黑暗面。这意味着我们终于开始了解,我们并不是唯一无法好整以暇的人。我们不再相信有人可以躲得了生命的不确定性。

15 不造成任何伤害

佛法基本的教诲就是不对自己或别人造成任何伤害。"不侵犯"是具有疗愈力的。一个解脱的社会最基本的精神就是不伤害自己或他人。只有如此，世界才能保持清明。不过身为公民的我们，必须开始以身作则。我们对自己最根本的侵犯或最深的伤害，就是没有勇气和敬意以诚实而仁慈的态度来观照自己。

"不侵犯"的基础便是正念修持，亦即怀着敬意和慈悲，了了分明地观照自己的真相。此乃佛法的基本训练。但正念修持不只是正式的坐禅训练，它更能帮助我们和日常所有的细节保持联结。它使我们开放眼、耳、鼻的觉知，了了分明地看、听、闻。我们终生都要诚实面对当下的经验，以毫不批判的态度来敬重自己。如果越来越能全心投入于这趟仁慈而诚实的旅程，就会很惊讶地发现，我们对自己曾经造成的伤害，竟然是蒙住双眼不愿去面对的。

认清自己对别人造成了伤害，是一件非常痛苦的事，而且是需要一段时日才能适应的。我们必须全心全意地保持觉醒，以仁慈而诚实的正念观照自己，才能认清真相。我们不需要对这些真相采取行动，只是看着它们就够了。缺少了正念修持，我们不可能看见它们，它们就会因此而大量地繁殖。

16 法

法——佛陀的法教——乃是要放下心中的剧情故事,对"真相"敞开心胸:包括生活中遇见的人、我们面对的情境、心中的思想、各种的情绪,等等。我们都有自己的生活,但不论过的是什么样的生活,它都是我们觉醒的工具。

我们通常是以极为主观的态度去闻法的,因此总以为佛法所论及的道理攸关真假是非。然而佛法从未告诉过我们孰真孰假。它只鼓励我们亲自去求证。可是我们必须运用语言,所以一定会有立论。譬如说:"每日的修持乃是要彻底接纳所有的情境、人及情绪。"这样的论点听起来就像是:若不按照此理去做就是不对的。然而佛法指的并不是这个意思。

它要我们亲自去发现孰真孰假。不妨以这样的方式去生活,看看会发生什么事?你一定会开始质疑自己的困惑、恐惧和希望,而且会设法解决它们。一旦开始以这样的方式生活——心中怀着"这是怎么一回事?"的质疑——你会觉得十分有趣。经过一段时日之后,你甚至会忘掉心中的质疑,而开始修持禅定,或者在生活里发展出洞见——对真相的洞识。洞见会突然出现，如同在黑暗的屋子里摸索了好一阵子之后，突然有人把所有的灯都打开了，你这才发现自己原来是住在皇宫里。它一向都是个富丽无比的皇宫啊！那种感觉就像我们突然发现了别人从不知道的事一般，而且此事是如此单纯和直截了当。

17 正念与自制力

自制力可以帮助我们成为真正的修行人。每当我们感到乏味无聊时，一定会想找点娱乐，这时我们就需要用上自制力了。也就是不去立刻填满心中的空虚。

结合正念与自制力的修持是十分有趣的：当你觉得不舒畅时，只要留意自己身体上的动作即可。我们一感觉不踏实，就会做出各种神经质的小动作。你或许已经发现，每当自己感觉不安的时候，就会拉拉耳朵，即使不觉得痒，也会去搔搔痒，或是整理一下衣领。如果你发现了自己的小动作，不要企图去修正它。不要批判自己的所作所为，只要留意它就对了。

自制力——不按照惯性模式产生冲动的反应——意味着放弃自娱的倾向。透过自制力，我们会看见欲望之间所埋藏的心态——可能是侵略性、寂寞无聊或是其他的情绪——以及我们可能采取的行动。我们心中有某些自己不愿经验的东西，甚至是从未经验过的东西，因为我们的反应实在太快了。正念和自制力的修持，就是要跟心底那股无依无恃的感觉产生联结——去发现我们通常是以何种方式在逃避它的。

18 随它去

永远要提醒自己,坐禅的目的就是对当下生起的现象保持轻松和开放的态度,而毫无拣择。修持绝不是去压抑任何反应,但也不鼓励执著。艾伦·金斯伯格(Allen Ginsberg)将那种状态形容成"惊心动魄的发现"。只要一坐定下来——突然一记拳头就打了过来——你很快会看到心里生起了一些坏念头。没关系,由它们去。我们不去抗拒这些坏念头,反而以仁慈的心情为它们加上"妄念"的标签,然后随它们去。接着——哇!竟然出现了一个令人惊喜的美妙境界。没什么大不了。对这类的情境我们也不执著,只是仁慈地为它加上"妄念"的标签,然后随它去。这类令人惊心动魄的发现,总是没完没了的。12世纪西藏的瑜伽大师密勒日巴,很喜欢唱颂一些诗歌来阐明正确的坐禅方法。他曾经说过,心的投射比起一束阳光照见的灰尘还要多,即使你射出几百支矛也去除不了它们,所以我们也就无须和那些杂念对抗了。我们应该明白,诚实和幽默比起任何一种正经八百的修持方法都更能激励我们,带给我们神益。

18　随它去

简而言之，重点就是不要企图排除掉心中的念头，而是要认清它们真正的本质。如果我们把意念当真了，它们就会把我们耍得团团转，但其实它们只是一些如梦似幻的意象罢了。它们犹如幻象一般——并不如表面那么坚实。如同我们在前面提过的，它们只是一些"妄念"罢了。

19 修心七要

若想逆转自我的逻辑,就必须熟记阿底峡——11世纪西藏的一位导师——的勇士口诀。譬如其中的一句口诀是:切莫嫉妒!你听见了它,心里可能会想:"别人怎么知道我在嫉妒呢?"另一句口诀则是:对每一个人感恩!这时你又可能觉得何必那么麻烦呢。此外还有一些口诀,譬如:碰到怨敌更要修自己的心!这句话也很可能令你觉得不合人之常情。这些修心口诀并不会是你想听见的道理,更别说在其中获得启发了。

但如果诚心持颂,它们就会变成我们的气息、我们的视野和我们的初心。我们所闻所听皆是这些道理的体现。它们会渗透我们的整个生命。这才是真正的重点。这些口诀并不是抽象的理论或教条,它们说的都是我们的真相,也是我们身上正在发生的事。它们完全指出了我们经验事物的态度,以及面对生活的方式。它们教导我们如何跟痛苦、恐惧、逸乐及喜悦相连,如何透过这些情绪而得到彻底的转化。如果我们熟记这些口诀,日常生活就会变成觉醒之道。

20 一切活动皆以同样的心意来面对

吸气,吐气,感觉烦厌,感觉快乐,可以放得下,不能放下,吃饭,刷牙,走路,打坐——不论我们在做什么,心中都只有一个意愿:我们想觉醒,我们想培养慈悲心,我们希望自己越来越能放下,我们渴望领悟众生一体的真谛。生活中的每件事都能使我们觉醒,或是令我们沉睡。愿不愿意让生活来觉醒我们,就取决于自己了。

21 将刀箭转成花朵

佛陀证悟的那个晚上,他坐在一棵大树下。传说中的魔王为了阻止佛陀成道,于是用刀箭射向他,但佛陀以无惧的觉性,将这些武器转成了花朵。

传统佛家的教诲,通常将魔王比喻成障道的本质,理由是人类很容易因为迷惑而丧失了对本慧的信心。有关四魔王的教诲,描述的便是我们所熟知的逃避之道。如同佛陀一样,我们也有能力将刀箭转成花朵。与其试图除去障碍,或是以为真的遭到了攻击,不妨利用这个机会,看看自己在遭受威胁时是如何反应的。我们会不会封闭住自己,还是有能力敞开心胸?我们是觉得怨恨,还是会柔软下来?我们会因此而更有智慧,还是变得更为愚蠢?

天魔——它象征着对逸乐的追求。我们所遭遇的任何一个困境,都能戳破那些让我们信以为真的安全感与确定性。每当我们遭到威胁时,都禁不住焦躁不安起来,怒火自然会生起,嫌恶之心也会出现。所以我们总是竭尽所能地消除困难。我们会抓住那些令我们愉悦的事物。将刀箭转成花朵的

21 将刀箭转成花朵

方法，就是敞开心胸去观察自己如何在趋乐避苦。我们不妨利用追求逸乐的机会，来观察自己如何面对痛苦。

蕴魔——它象征着当生命陷落时，我们会以何种方式来重塑自己。我们通常会尽速回到自我概念的坚实地基上。创巴仁波切称之为"对轮回的怀旧之情"。每当生命陷落时，与其奋力夺回我们的自我意识，不妨利用这个机会敞开心胸，好奇地探索一下到底发生了什么事，将会发生什么事。这么一来，刀箭就被转成了花朵。

烦恼魔——它代表的是强烈的情绪。我们无法安住在情绪之上，反而将它们编成了剧情，进而造成了更严重的情绪。当困境出现时，我们往往利用情绪来夺回立足之地。如果能善用强烈的情绪，发展出对人对己的慈悲心，便等于是把刀箭转成了花朵。

死魔——它象征着对死亡的恐惧。我们总想掌控自己的经验，因而扼杀了每个当下的自发性。我们执著于自己所拥有的一切。我们希望每个经验都能为自己带来保证和祝福，让自己觉得完整无瑕。虽然死魔象征着对死亡的恐惧，但其实是对活着感到畏怖。我们不妨利用掌控欲来提醒自己，每个当下都要活得彻底清新而自发。我们永远都能返回到内心的本慧。

22 无坚不摧

以我们惯有的习性和对策来脱离当下的经验,只会使我们更加焦躁、不满和不快乐。让事情变得固着所带来的慰藉,是非常短命而无常的。

贴近我们真实的经验——不论那是一种爱与慈悲的开放经验,或是充满嫌恶和界分感的封闭经验——都会为我们带来巨大的自由:一股无坚不摧的自由感。"无坚不摧"感觉上就等于是自由了。同时我们会发现,我们宁愿彻底安住于当下,而不再企图透过幻想或上瘾的行为模式,来制造出坚实及安全的感觉。我们体认到,与真实的经验紧密相连,感觉上远胜于抗拒它或逃避它。安住于当下的经验,就算是受伤,也比逃避要强得多。以此种方式练习安住于当下,我们会越来越熟习那份无所依恃的滋味,而这种新颖的存在状态,其实是随手可得的。脱离舒适及安全,勇于迈进未知和不确定——便是所谓的"解脱"。

23 生命的真相：无我

生命的第二印记是"无我"。这两个字很容易造成误解。它们并不意味着我们从此就消失不见了——或是从此丧失了人格。无我指的是我们那坚实的自我感和自他的分别心，乃是一种狭隘得令人心痛的错误概念。我们把自己看得如此严重，在自己的心目中，我们确实是重要得有点可笑了。自我重要感犹如一座监狱，将我们束缚在好恶的世界里。我们最后一定觉得自己和周遭的世界简直是乏味透顶。我们会感觉极度不满。

这时我们有两种选择，其中之一是把一切事物都当真，另一个则是不当真。我们要不就接受自己对现象的固着看法，要不就开始向它们挑战。根据佛陀的主张，如果能训练自己保持开放及好奇——消融掉我们和世界之间的那堵自造的围墙——才是最能善用人生的一种方式。

以最平常的话来说，无我是一种富有韧性的统合感。它显示了追根究底的精神、高度的适应力、幽默感和游戏的精神。那是一份能轻松面对未知的能力，一种不需要确知自己

与无常共处

是谁或别人是谁的无为心境。每一刻都是独特的、未知的、全然新颖的。对一名正在培训中的勇士来说,无我本是喜悦的源头而非恐惧的肇因。

24 安住于中道

只有对恐惧熟知而不抵抗，才能产生虚豁开阔的心境。如果不对自我进行慈悲的探究，我们是无法培养出无惧之心的。因此我们必须扪心自忖："当我对困境感到招架不住时，我会怎么办？我会编出什么样的故事来说服自己？什么事会令我产生排斥，什么事会吸引我去注意？我会到哪儿去找寻力量，而什么东西令我产生信赖感？"

坐禅时第一件要做到的事，就是开始对眼前所发生的情况进行观察。虽然我们仍然会逃避或沉溺，却开始有能力看清楚自己的造作了。我们认出了自己的反感和渴求。我们开始熟悉自己强化防身之茧的各种策略和信念。正念练习使我们对眼前发生的事产生好奇。有很长一段时间，我们只是了了分明地看着眼前所发生的事。只要能心甘情愿地看着我们的沉溺和压抑倾向，它们自然会逐渐耗尽。"耗尽"和"消失"不大一样。我们不但不会消失不见，反而会更豁达、更慷慨、更自在。

如何才能安住在沉溺和压抑之间？答案是留意每一个从

与无常共处

心中生起的反应,而不带任何批判,单纯地允许念头自然消解,然后回到当下这一刻的虚豁之中。这就是我们在坐禅时所进行的事。妄念不断地生起,但我们既不压抑,也不被它们缠缚住,我们只是立刻回来安住于当下。

过了一段时日之后,我们会开始在日常生活里,以此种方式面对希望及恐惧。自然而然地,我们会停止挣扎而终于放松下来。我们因为看清了自己的台词,而终于有能力放下它们,回返到崭新的当下。

25 以自己的见证为准

菩提心的修持以及所有的训练，最重要的一件事就是去认清，你是唯一知道自己是敞开或封闭的人。你是唯一冷暖自知的人。每个人都想给你一些意见和回响。虽然别人的看法也有某些是真诚的，而且是值得参考的，但最主要的还是自己的见证。只有你自己才清楚何时心打开了，何时又封闭了。只有你才知道自己何时在利用某些事物来护卫自己，保住自我，而何时心又打开了，又能任由世界自然生灭了——不再和世界抗争，学会了与它相处的方式。这些体悟只有你自己心知肚明。

另一则口诀是：切莫将天神变为恶魔。这句话的意思是，纵然是一件好事——譬如修心的方法——也可能被你转成恶魔。你可能会利用任何东西来关闭住自己的心门。你可能会利用修炼来强化自己的信心，强化那股正经八百、自以为是的感觉，或者认为自己选对了宗教信仰，因此感觉"我是站在好人这一边的，所以一切都没问题了"。这样的态度是没什么帮助的。利用施受法或任何一种方法来加强英雄感，都会让你觉得自己正在对抗真相，但真相永远是胜利的一方，而这种感受只有你自己知道。

26 面临边缘地带

佛法时常提到有关无我的教诲。这则道理很难领会：他们到底在说什么啊？如果现在谈的是神经官能症，我们一定觉得很熟悉。那是我们很清楚的一种心态。但是无我，其实，只要能使出全力来认识它——亦即不沉溺，不压抑——我们心中的硬块就会消融。任何一股生起的情绪能量，都会柔软我们的心——包括愤怒的能量、失望的能量、恐惧的能量，等等。只要不将其固着于某个特定的方向，这股能量就会穿透我们的心，使我们豁然开朗。这便是一种对无我的发现。如果我们惯常的计谋失效了，它就会出现。生命被推到极限时，就像找到了通往神智清明和至善的出口一般，因此困境绝不是障碍或惩罚。

坐禅正是进行这项修持最安全而滋养的方式。坐在蒲团上，我们开始能体认不沉溺、不压抑、任由能量生灭的旨趣。因此每天都打坐，就是与我们的希望和恐惧交朋友的好办法。这些种子可以让我们在日常的混乱情境中保持清醒。这是一个渐悟的过程,而且是日积月累的,事实便是如此。我们坐禅并不是要成为禅定高人。我们坐禅乃是为了在日常生活中更加觉醒。

27 人生的真相：苦

生命的第三个印记就是"苦或不知足"。更精确一点地说，只要一开始抗拒不可驳逆的无常和死亡，我们就一定受苦。我们受苦并不是因为我们邪恶，或应该被惩罚，而是由于三种不幸的误解所造成的。

第一种误解是，我们总想掌控和预料那些永远在改变的事物。我们将无常视为永恒，所以感到痛苦。

第二种误解是，我们以为自己和万物是分开的，就好像我们有个固定不变的身份似的，然而真实的情况是根本没有一个所谓的"自我"。我们错把虚豁的心性视为坚实而不可驳逆的自我，所以才会受苦。

第三种误解是，我们总是在错误的地方寻求快乐。佛陀称这种习性为"错把痛苦当成快乐"。我们早就习于追求某些东西来安抚当下的焦躁不安，甚至连最微细的不安或不适都无法忍耐。一开始出现的只是一些能量上的变化——胃部有点紧缩，心中有股无法言喻的不祥之感——然后逐渐升级成上瘾症。试图让生活里的一切都在预料之中，本是我们惯常的模式。因为我们错把会导致痛苦的事当成了带来快乐的事，所以才会卡在越来越不知足的习性里。

28 希望与恐惧

佛法将"希望与恐惧"的古老教诲称作"八种世间法"。此乃四种相反之物——四种我们喜欢并执著的东西,以及四种我们不喜欢而总想逃避的东西。其中的基本信息是:我们一旦陷入八种世间法之中,就会开始受苦。

第一种世间法指的是,我们一直在追求逸乐,而且执著于它;反之,我们都不喜欢痛苦。第二,我们喜欢并执著于别人的赞美;反之,我们总是逃避批评和责难。第三,我们喜欢并执著于名望;反之,我们不喜欢而且总是逃避羞辱。最后一种世间法是执著于获取,总想得到自己所渴求的东西;反之,我们不想丧失自己所拥有的一切。

这则简明的教诲告诉我们,因为沉溺在苦乐、得失、宠辱、毁誉四种对立的世间法中,我们才不断地轮回。

我们也许觉得自己该根除这些苦乐、得失、宠辱、毁誉之类的感觉,但更实际的办法却是去深入地理解它们,看看它们是如何让我们上钩的,看看它们如何染着了我们对实相的觉知,让我们变得冥顽不化。如此一来,这八种世间法就会变成生慈心、长智慧、令我们更能知足常乐的工具。

29 放轻松（换个不同的做法）

只有放轻松，我们才能安住于自己的身、心和情绪，并且觉得活在这个地球上是一件值得的事。举例而言，你可能听过"永远保持喜悦的心情"之类的口诀，并开始痛斥自己从来不懂得什么叫快乐。这类的见证未免太沉重了一些。

这种对凡事都认真无比的决心——包括修炼在内——其实是一种目标导向、不达目的绝不罢休的态度，它也是快乐的头号杀手。这种态度之中毫无欣赏的成份，因为我们对所有的事都太过一本正经了。相反的，喜悦的心境却是平常而放松的。就轻松一点吧！不要把事情看得那么沉重。

一旦有人鼓励你放轻松一点，你就开始懂得幽默了。你那颗严肃的心会不断地被爆开来。除了幽默感之外，好奇心、留意、对周遭世界感兴趣，也是喜悦之心的基本要素。这并不意味着你非得快乐不可，但是不带批判性的好奇心，确实能帮助你变得快乐一些。如果你是一个批判性很重的人，不妨也对自己的批判性保持好奇。

好奇能带来鼓舞。因此，请记住换个不同的做法。我们

29 放轻松（换个不同的做法）

已经被深锁在沉重的负担感中——快乐和不快乐都成了不得了的大事——如果能变换一下自己的惯性模式，会是一件有益的事。任何一种反常的做法都是有益的。你可以走到窗前，看看外面的天空，在脸上泼些冷水，或是在淋浴时哼哼歌，到外面去慢跑——任何一种反常的做法都不妨去试试看。这都是令你放轻松的一些方式。

30 四种警训

下面这四种警训,为我们阐明了为什么菩萨勇士要不断回到当下这一刻。它们分别是:

人身难得 各种的感觉、情绪和思绪,如同季节的变化一般,不断地来去生灭,但我们不能因为这个理由而忽略了每一种情境的价值。只有人类能听闻佛法,能修行,而且有能力爱其他众生。

无常的真理 生命的本质乃是刹那即逝的。下一秒钟,生命很可能就结束了!记住无常的真理,可以帮助我们学会如何鼓舞自己。被无常吓到也无妨。看见自己正在恐惧无常,可以使我们对人身难得和有机会修行更加感恩。

业力法则 每一个行为都会造成结果。每一次诚心觉察自己的意念,并愿意回到当下这一刻,便是在播下未来觉醒的种子。如果能放下惯性模式,换一种不同的做法,就是在培育自己的本觉。这件事只有靠自己才能做到。生命是珍贵而又短暂的,你必须善加利用。

轮回无益 轮回就是宁愿僵死,而不愿活着。轮回是因

30 四种警训

为我们一直想创造出一个安全地带。我们会卡在轮回里,原因就是我们总执著于那个可笑的"小我"所带来的安全感,纵使里面充满着痛苦。第四种警训乃是要提醒我们,这个策略根本是徒劳无益的。

31 天堂与地狱

一名高大而壮硕的日本武士来到一位禅师面前,劈头问道:"你说说看,天堂和地狱到底是怎么一回事?"

禅师直视着他,说道:"我为什么要跟一个如此肮脏、恶心而又可悲的无赖说话?你凭什么认为我该回答你的问题?"

武士在盛怒之下,立刻拔出他的利剑,准备照着禅师的脑袋劈头就砍。

这时禅师冷冷地答道:"这就是地狱了。"

武士立刻发现,他刚才已经创造出自己的地狱——恶气冲天,怒火中烧,自我防卫,充满着嫌恶。他发现自己正深陷在地狱之中,随时准备要杀人了。他的眼眶里涌出了泪水,双手合十向禅师顶礼,感激禅师的洞见。

这时禅师又冷冷地说道:"这就是天堂了。"

勇士菩萨的观点绝不是"地狱不好,天堂才是美好的",或者"消灭地狱,追寻天堂"。相反的,我们应该鼓励自己发展出对天堂、地狱和一切事物的开放之心。只有抱持这样的

31 天堂与地狱

平等心才能体认到,不论发生了什么事,我们永远都站在神圣的中道里。只有平等心才能让我们认清,生命里发生的所有事情,都是我们需要学习的功课。

32 三种徒劳无益的对策

人类有三种对治懒惰、愤怒和自怜的惯性方法。我称之为三种徒劳无益的对策——攻击、沉溺和忽视。

"攻击"是最受欢迎的一种无效对策。每当我们看见自己的习性时，总是会自责。我们对自己沉溺于舒适的享受感到羞耻，我们自怜，或是对自己赖床的习惯感到不安。我们的心总是在罪恶感中波动不已。

"沉溺"这种无效的对策也是很常见的。我们合理化自己的习性，甚至为它们鼓掌叫好："这就是我的生活方式。我本来就不该过不舒服或不方便的日子，我有足够的理由生气或睡上二十四小时。"我们也许充满着自我怀疑和不安，但还是会说服自己去原谅自己的行为。

"忽视"这个对策确实很有效，不过效果只是暂时的。我们和自己疏离，出神，变得麻木不仁，竭尽所能地和自己的真实习性保持一段距离。我们就像自动驾驶仪一般，不愿太贴近地认清自己的所作所为。

勇士的修心方法带来了第四种对策——使人解脱的对策。

32 三种徒劳无益的对策

不妨试着去彻底体验一下你所抗拒的事物——不再以惯性模式存活。对自己的习性保持好奇。练习以仁慈和无所依恃的态度面对自己的真相,而不立即僵化成惯性反应。发愿减低自己的执著倾向,增长智慧及慈悲。

33 倒转轮回

如果所有的围墙都倒塌了，防身之茧也彻底消失了，而我们对可能发生的事完全敞开心胸，既不退缩，也不回到自我中心，这时轮回就被倒转了。我们要发愿踏上这趟勇士的冒险之旅。我们得到的鼓励如下：大步跃进，被扔出巢外，接受启蒙仪式，成长，迈进未知与不确定性。

当你的世界崩解时，你发现自己变得焦躁不安，这时你会做什么？如果你不符合自己所设定的理想标准，心里会有什么反应？每个人都令你不满，因为没人能符合你的要求，而你的整个生命都充满着不幸、困惑和冲突。在这样的时刻里，不妨提醒自己，目前正在经历一场情绪上的骚乱，因为惬意的生活已经向你告别了，就像脚下的地毯被抽走了一样。对准那份无依无恃的感觉，乃是一种提醒自己的方式，你会发现自己宁愿为生活打拼，而不愿面对自我的死亡。

34 培养四无量心

某位老师曾告诉我,如果我真的想让快乐延续下去,只有一种方式可以达到目的,那就是从我的防身之茧里走出来。我问她如何才能为别人带来快乐,她的回答是:"办法相同。"而这正是我为什么会发四无量心——友爱心、慈悲心、喜乐心和平等心——的原因。善待自己的最佳方式就是去关爱别人。这些都是消融众生苦难的最有力的工具。

在坐禅之前和之后,正是练习发愿的最佳时机。我们就从目前的条件开始修炼。我们从目前能感受到的友爱、慈悲、喜乐或平等心开始发愿,不论那份感受多么有限都无妨。(你甚至可以列一张清单,举出哪些人或动物能激起你的愿心。)我们将这些愿望回向给自己和自己所爱的人,然后逐渐将愿望扩大到更宽广的关系互动。

我们可以分三个步骤来进行这项练习,愿文既可采用传统的四无量心颂,也可采取一些我们认为有意义的词句。首先我们为自己发无量心:"愿我享有仁爱之心。"然后我们为自己所爱的人发愿:"愿你享有仁爱之心。"接着我们将愿心扩大到众生身上："愿众生都享有仁爱之心。"或者我们可以发慈悲愿："但愿我能解脱痛苦及痛苦之源。但愿你能解脱痛苦及痛苦之源。但愿众生都能解脱痛苦及痛苦之源。"如果想练习更细腻的方法，不妨采用七个发愿的步骤（参看第三十五篇）。

发四无量心可以训练我们认清心中的偏见，而不至于退缩或助长它们。逐渐地，我们会越来越不害怕自己的痛苦。如此我们才能涉入世间的苦难，将友爱、慈悲、喜乐和平等之心拓展到每一个人的身上——无一例外。

35 友爱心的修炼

将攻击性转成无条件的友爱,似乎是一项令人望而生畏的任务。但我们可以从自己已经熟悉的感觉开始修炼。若想培养无量的友爱心,首先得找到我们已经具足的温柔之感。我们和那份感恩之情——目前所能感受到的善意——联结。我们以非常实际的方式与菩提心相应。无论我们是在爱的温柔中发现它,还是在孤独的脆弱中意识到它,都无关紧要。如果试着去寻找一下心中那个不设防的柔软地带,永远可以发现它的踪影。

这七个步骤的修炼,首先采用的是四无量心颂的第一段愿文。你也可以采用自己的愿文。

1. 为自己觉醒友爱心。"愿我享有快乐及快乐之源!"或是用自己的话来发愿。

2. 为那些令你很自然会感到善意和温柔的人发愿,譬如你的母亲,你的孩子,你的配偶,或是你的狗狗。"但愿×××能享有快乐及快乐之源。"

3. 为某个有点陌生的人发友爱之愿,譬如某位友人或邻居，请说出他们的名字，发同样的愿文，希望他们得到快乐。

4. 为某个不相干的人发友爱之愿。请采用同样的愿文。

5. 为某个难以相处的人发友爱之愿。

6. 为上述五种人发更大的友爱之愿。（这个步骤称为"消解所有的障碍"。）请说出："但愿我、我所爱的人、我的朋友、与我不相干的人、难以相处的人，全都享有快乐及快乐之源。"

7. 将友爱拓展到宇宙众生的身上。不妨从自家人开始发愿，然后再拓展到更大的范围，"但愿宇宙众生都享有快乐及快乐之源。"

发愿结束时，放下所有的念头，放下所有的期望，单纯地回到坐禅时的无念状态。

36 培养慈悲心

如果培养我们的友爱是一种觉醒菩提心的方式，那么培养慈悲当然也是觉醒菩提心的方式。但慈悲是一种更大的情感上的挑战，因为它涉及愿意去感受痛苦。它绝对需要一些勇士的训练。

为了觉醒慈悲心，19世纪的瑜伽士帕楚仁波切建议我们去想象某些生命正在遭受折磨——譬如待宰的动物，或是等待死刑的人。为了让自己更有身临其境之感，他建议我们想象自己就是他们。其中有一个特别令人感伤的画面：一位失去了双臂的母亲，眼睁睁地看着洪水冲走了自己的孩子。如果能设想自己就是那位母亲，一定会彻底而直接地和另一个生命的苦难产生联结。对我们大部分的人来说，只是想象一下这类情境就已经够恐怖了。如果我们正在练习培养慈悲心，老师会要求我们去体验一下对痛苦的那份恐惧。

培养慈悲心是一种勇敢的修炼方法。它要求我们放松警戒，以柔软的心贴近那些令我们惧怕的情境。关键就在安于沮丧的情境而不形成紧张的反弹，让恐惧软化我们的心而不形成强硬的抗拒。

　　纵使想象一下某个生命正在受折磨，都是十分困难的事，更别说把自己当成是他们了。因为知道个中困难，所以我们一开始修炼时，要选择比较容易做到的方式。譬如透过发愿来培养勇气。我们为众生、自己以及自己所不喜欢的人发愿，希望大家都能解脱痛苦和痛苦之源。

37 慈悲心的修炼方法

我们培养慈悲来软化内心，让自己变得更诚实，对自己在何时以何种方式封闭住内心，产生更大的宽容。我们既不合理化也不谴责自己，只是勇敢地敞开心胸去感受众生的苦难。每当我们竖起屏障，或敞开心胸去感受自己的伤痛及别人的哀痛时，这份苦难都一定会从心中生起。我们从自己的成败之中都能有所学习。我们必须在所有的经验里培养慈悲心——我们的痛苦、我们的同理心，以及我们的残忍与恐惧。只有如此才能有所领悟。慈悲并非治疗者与受创者之间的上下对待，而是一份平等的关系。我们必须对自己的黑暗面有所认识，才能与别人的阴暗面相处。当我们在自己身上发现普世共通的人性时，真实不虚的慈悲心便生起了。

透过四无量心的发愿练习，我们从目前能感受到的慈悲心开始着手，然后再扩大范围。首先要找到能够让自己动容的苦难。不妨列举出有哪些人能令自己生起慈悲心，譬如我们的孩子、某位惧怕死亡的朋友，或是我们的兄弟，甚至在新闻报道里或书里看到的人物也可以。重点乃是要真的生起慈悲心，至于在何处发现它却并不重要。接着我们就依照三个步骤来发愿："愿我能解脱痛苦。愿你能解脱痛苦。愿我们都能解脱痛苦。"我们也可按照第三十五篇七个步骤的愿文来进行——"愿我能解脱痛苦及痛苦之源"——或者以自己的方式来发愿。如同所有的菩提心修炼一样，慈悲宏愿最好是在坐禅时进行。

38 培养喜乐心

如同照料我们的花园一般，我们的心也会因修炼而利于菩提心的生长。我们会开始感到喜悦。这份喜悦来自于不放弃自己，以正念时时观照自己，而逐渐体会到自己的勇士精神。菩提心的修持可以加强心中的喜悦，尤其是感恩和欢庆。如同其他的四无量心修持一样，发喜乐心也有三个步骤："愿我永不离无苦之乐。愿你永不离无苦之乐。愿我们都永不离无苦之乐。"我们也可按照七个步骤来发愿（参看第三十五篇）。采用自己的说词也很好。

这些愿文中的感恩与喜悦，显示出一种不含偏见的开放心性，以及和本善相连的内在力量。但是我们首先要从自己已经拥有的福报——譬如健康的身体、能正常运作的头脑、优良的环境——开始发欢喜心。对于一名觉醒的勇士而言，最大的福报就是能听闻到，并且有机会修持菩提心。

一开始练习时，先为自己的福报发欢喜心。关键在于充分融入生活的琐事里，时时维持觉知。我们要表达感恩，感激别人对我们的友谊，并在每一样事物中察觉生命的本质。

这种结合正念与感恩的修持，能够让我们与现实充分联结，因而产生出喜悦。如果我们将觉知和感恩拓展到四周的环境和其他的人，我们的喜悦甚至会更强烈。

39 平等心的修持

透过友爱、慈悲及喜乐的培养，我们可以训练自己扩大心量，尽力敞开胸怀。我们可以培养出不带偏见的平等心，缺少了这第四种无量心，其他的三种无量心，将受制于好恶或接纳与抗拒之类的二元对立习性。

平等心的训练乃是学习打开心门，迎接所有的众生来访。当然，某些宾客造访我们时，我们还是会感到恐惧和反弹。这时我们不妨把门开成一个小小的缝，如果能力只有这么多的话；若有必要，关上也无妨。培养平等心是需要渐进的。我们发愿终生都接受友爱和勇气的训练，不论眼前发生的是什么事——疾病、健康、贫穷、富裕、痛苦或快乐。我们迎接一切现象的发生，并深入去认识它们。

平等心比我们惯常受限的观点要宽广得多。这颗宽广的心不会将事实窄化成好恶，或是赞成与反对。只要找到了心中的平等地带，我们就可以正式按照三个步骤来培养它："愿我安住在无有激情、攻击性和偏见的平等心中。愿你能安住在无有激情、攻击性和偏见的平等心中。愿众生都能安住在无有激情、攻击性和偏见的平等心中。"采用自己的说词也很好。平等心的发愿也可拓展成七个步骤（参看第三十五篇）。打坐之前和之后都要发愿。

40 扩大心量

发现自己正在被吸引或是觉得反感，而不立刻变得固执或产生负面反应，就是培养平等心的一种修持方法。我们训练自己安于心中的柔软地带，并利用自己的偏见作为垫脚石，来联结别人心中的困惑。强烈的情绪是大可以善加利用的。不论生起的是什么情绪，不论那股情绪有多么难受，都可以用来加强我们和别人的联结，包括心中的侵略性和渴望，以及被希望和恐惧所缠缚的那份痛苦。如此我们才能生起同舟共济的感恩之情。我们都急需知道什么能带来快乐，而什么会导致痛苦。

纵使修炼多年之后，我们仍然会轻易恼怒和愤慨不已。但如果能联结那股脆弱、嫌恶、盛怒或任何一种情绪，更大的视野就会出现。在每个当下，如果能安住于那股生起的能量，而不将它发泄出去或压抑下来，我们就是在培养平等心，培养超越对错的大心。四无量心——友爱、慈悲、喜乐及平等心——会从有限发展成无限：在心刚要硬化成固执的观点时，尽全力将它软化下来。如果能软化自己的心，屏障就会倒塌。

61 安于当下

安于当下，可以培养出友爱、慈悲、喜乐及平等这四无量心。眼前的这一刻是没有任何问题的。即使你只对一个众生有爱心，也是很好的起点。认知、尊重并感激自己有这份热情，乃是一种让爱心增长的方式。我们既可安于当下，又能在一生中不断地拓展心量。

心量绝不会因贪婪、奋斗或强求而得以拓展。我们必须学会接纳眼前的真相，同时还能保持开放的心境，知道自己的能力、别人的能力和众生的能力都是无限量的。只要持续地安住于当下，心量就会扩大。这是人类共有的潜能，也是人类与生俱来的天赋。

每当我们说出"愿我享有快乐"，或"愿我能解脱痛苦"，或"愿任何一个人都能享有快乐及解脱痛苦"，我们就等于在说出：人类都有潜能敞开心胸，给予众生无限的关怀。但开始发现自己对某人感觉友爱或悲悯，乃是个不错的起点。你的心量将包容越来越多的众生，直到我们的爱与慈悲都发挥到极致，变成一股畅然无阻的热情——充满着活力，没有任

41 安于当下

何一个定点的联结的能量。这就是我们身为人类最大的潜能：与真实的情况产生联结。不过一开始要学会的，就是安住于当下。

42 施受法与无惧

在佛法中，在香巴拉勇士之道里，或是任何一种能安身立命的法教，都会鼓励我们培养出无惧的精神。但如何才能做到这一点呢？很显然坐禅是其中的一种方式，因为透过它，我们才能彻底认识自己，而且是怀着一颗非常温柔的心来进行的。施受法（自他交换法）的练习，也能帮助我们培养出无惧的精神。这项练习进行了一段时日之后，你会开始发现，恐惧原来和护卫之心有关：你觉得有某种东西会伤到你的心，所以你想要保护它。

我第一次做完施受法之后，才发现自己竟然以非常隐微的方式在逃避受伤、忧郁、挫败或任何一种不好的感觉。在不知不觉之中，我一直秘密地渴望着坐禅能让我从此不再有任何痛苦。当我们练习施受法时，我们其实是在邀约痛苦进入心中。行施受法是需要勇气的，因为我们是在允许它穿透我们的盔甲。这项练习能卸除心中沉重的负担感，让心不再那么狭小和受限。它能教会我们无条件的爱是什么滋味。

如果我们试图遮蔽住心中的那个柔软地带——菩提心，

42　施受法与无惧

负面的感觉和嫌恶之心便会生起。事实上，就因为我们的心是易感而柔软的，所以我们才想保护它。人人都有一颗真诚而柔软的慈悲心，所以我们才想要守护它。在施受法的修炼里，我们心甘情愿地开始袒露心中这个最柔软的地带。

43 施受法：领悟众生一体的关键方法

人们对各种修持方法都很热衷，唯独一听到施受法，立刻就有了不同的反应："噢！这个方法听起来很不错，不过你真的要我们照你的话去做吗？"其实此法的精髓只有一句话：当你遇见任何一种痛苦或令人不悦的情况时，请把它吸进来。换句话说，不要去抗拒它。你向自己臣服，你认清自己的真相，你敬重自己。每当自己不想要的感觉和情绪生起时，立刻将它们吸进来，而跟所有人类的情感连成一体。我们都很清楚以各种形式幻化出的痛苦是什么滋味。

你为自己吸进这份痛苦，那是一种非常私密而真实的体验，但毫无疑问的，你会立刻感受到自己和众生本是血脉相连的。如果你能在自己身上体认到这一点，一定会怜恤所有人的痛苦。如果你正因嫉妒而感到怒火中烧，但你还有勇气将那份感觉吸入胸中而不去归咎别人，那么刺穿你心的那一支利箭，就会使你深深体恤世上和你有同感的人。这项修持能穿透不同的文化，穿透贫富与智力的高低，超越不同的种族及宗教信仰。地球每一个角落都有人在受苦——嫉妒、愤

43 施受法：领悟众生一体的关键方法

怒、被人遗弃、孤独无依。每个人都跟你一样在承受着这些痛苦。虽然各人的剧情有所不同，但心底的感受是相同的。

同样的，如果你有一股喜悦的感觉——或是任何一种令你开怀、释然、放松、充满启发的感受——都可以将它吐出去，送给其他人。当然这也是一种非常私密的感觉。

一开始感受到喜悦或放松，便可将那股感受和一个更大的视野相连。如果能放掉心中的剧情，你就能完全体认到其他人的感觉。这份感觉是全人类所共享的。假设你真诚地修炼这个方法，它一定会觉醒你心中那股众生一体的深情。

44 施受法的四个步骤

你可以在正式坐禅的过程里练习施受法。举例而言,如果你坐禅的时间是一个钟头,你可以在中段的二十分钟里练习施受法。施受法总共有四个步骤:

1. 让你的心先安静片刻。这种状态被称为"忆起绝对菩提心",或是开放心胸通达基本空性和觉醒之心。

2. 觉受上的练习。吸入炙热、乌黑及沉重的感觉——一种闭锁的觉受——然后呼出清凉、光明及轻松的感觉。经由身上所有的毛孔吸入这些感觉,再将内心的光明经由所有的毛孔向外放射。做这项练习,直到你的观想跟呼吸调成同步为止。

3. 现在请默观任何一种感觉上十分逼真的痛苦情景。举例而言,你可以将炙热、乌黑而紧缩的哀伤感吸入体内,然后将轻快而开朗的喜悦感或空性,或是任何一种可以带来解放的感觉,呼出去给别人。

4. 将慈悲心的范围扩大。与所有感受到这份痛苦的人产生联结,让心里生起一股想要帮助每一个人的意愿。

45 从当下开始做起

坐禅的基本训练——施受法的训练会更加明确一些——乃是安住在压抑和造作之间的中道里。我们学着去如实观照自己的嗔恨、欲望、贫乏感、厌恶感，等等。我们学着将所有的念头视为"妄念"，然后任由其生灭，并开始去感觉埋藏在它们底端的情绪能量。我们会逐渐发现，不抗拒也不压抑这些念头，只是任由其生灭，竟然是如此奥妙的一个法门。我们将因此学会如何安坐在蒲团上，充分去体验在渴望、反感、嫉妒、自怜、绝望或沮丧的剧情底端，还埋藏着什么东西。我们会开始感受自己的心、身、颈部、头部、胃部的能量——埋藏在剧情底端的真实能量。我们会发现里面有一个极为柔软的东西，也就是所谓的菩提心了。如果我们能直接与它产生联结，那么所有的烦恼都会成为我们解脱的资粮。

在进入禅定之前，如果心中生起了激情、侵略性或无明，老师会要求我们先将心中的剧情放下。与其将它们造作出来或压抑下来，我们反过来善用这些毒素，利用这些机会来体会自己的真实情感、自己的伤痛，并且和同样在受苦的人产生联结。我们将这些毒素视为和菩提心联结的契机。如果以这种态度来对抗烦恼，那么毒素就成了我们的解药。如果既不造作也不压抑，那么激情、侵略性或是无明，都变成了我们解脱的资粮。我们根本不需要转化什么东西。只要放下心中的剧情故事就够了，不过要做到这一点，并不是一件容易的事。轻柔地觉知自己正在想些什么，然后随它去，正是和菩提心相连的关键所在。不论生活有多么混乱，从当下开始做起就对了——不在明天，不在以后，也不在感觉比较舒服的昨日——就在当下这一刻。从现在就练习这么去做。

46 认识恐惧

我们不可能一边抱着心中的剧情故事不放,一边还能安住于当下。不妨亲自实验一下,看看"当下"是如何改变你的。安于当下这一刻,无常会变得非常鲜明;慈悲、对生命的惊叹以及勇气,也会变得鲜活起来。恐惧也是一样。事实上,任何一个人如果站在未知的边缘,完全存在于当下,没有任何规则,都会生起一股无依无恃的感觉。这时我们的了悟便开始深化了。我们会发现,"当下"原来是这么脆弱的一个地带,它可以是彻底令人丧胆的,但也是全然温柔的。

我们现在所谈的一切,乃是要认识恐惧,熟悉一下恐惧是什么,目不转睛地看着它——这可不是一种"解决"问题的方法,而是要彻底放下以往看、听、闻、尝以及思考的方式。真相是,我们一旦开始以此种方式行事,就会越来越谦卑。恐惧本是贴近真相时的一种自然反应。如果我们致力于安住在当下,我们的体认会变得非常鲜活。当我们无处可逃时,事情一定会变得清晰无比。

47 识出苦难

失望、丢脸以及所有让我们不舒服的感觉，都是一种死亡。假设我们刚刚失去了立足之地；我们不再泰然自若，不再悠游不迫。我们无法领会大死一番方能重生，所以一味地抗拒对死亡的恐慌。

被推到生命的极限并不是一种惩罚。那反而是一种健康的征兆，因为我们即将面临自我的死亡，所以感到恐惧和战栗。但通常我们不会将其视为一种信息：它们正在提醒我们即将进入未知的领域。

我们一旦碰上了己所不欲之事，或碰不上自己想要的东西，或者罹患了疾病、年华老去、面临死亡——面对生命的任何一种情境——我们都会如实地识出苦之为苦。这时我们就可以怀着好奇，去留意、去觉察自己心中的反应。我们的苦难是根植于我们对无常的恐惧。我们的痛苦是源自于对现实的褊狭观点。到底是谁告诉我们可以拥有无苦之乐的？世界各地都有人在宣扬这个观念，所以我们信以为真了。然而苦与乐本是形影相随的，它们都是值得欢庆的，也是极其平

47 识出苦难

常的事。生是痛苦而欢愉的，死是痛苦而欢愉的。任何一件事物的结束，正是另一件事的开始。痛苦并不是一种惩罚，快乐也不是一种奖赏。

与无常共处

48 改变你的人生态度，不过要保持自然

若想在根本上改变人生态度，不妨将己所不欲的事物吸进来，将自己渴望的东西呼出去。但世间流行的态度却刚好相反，人们总想推开令自己痛苦的事，紧紧抓住令自己愉悦的东西。

慈悲观的基础就是要学会与痛苦共处，而不是去抗拒它。我的意思是：学会与己所不欲或不接受的事物共处。你不接受或不想要的东西出现时，便以友爱的态度与其相连。这种不二的修行法门是非常诚挚的，因为它源自于众生一体的本性。我们会懂得以不强求的方式和一名正在受苦的人恳谈，乃是因为我们曾经有过封闭、愤怒、受伤或叛逆的经验，并且已经和这些感觉建立了交情。人生态度的改变不可能在一夜之间发生，我们必须以自己的速度逐渐地转变。如果我们发愿不再抗拒这些令自己无法接受的部分，并开始学习将它们吸进体内，我们的心量就会拓宽。我们会逐渐认清自己的每一个部分，于是衣橱里就不再藏着怪物，洞里的魔鬼也不

48　改变你的人生态度，不过要保持自然

见了。我们会生起一种遍地光明的感觉，并能以巨大的悲悯和诚心来看待自己。这就是人生态度最根本的改变——以革命的精神和勇气，转化趋乐避苦的习性。

与无常共处

49 友爱与施受法

令我们抓狂的事物总是有无比的能量,所以我们惧怕它们。举例而言,你是个很害羞的人,你不敢直视别人的眼睛。要保持这种态度,是需要耗费很多能量的。你就是以这种方式在矜持着。在施受法的练习中,你有的是机会与这个模式彻底共处,而不去归咎别人,或借着呼气寻找出口。然后你才有机会认清,当别人露出冷漠的表情时,也许并不是因为他们讨厌你,而是因为他们也感到羞怯。施受法就是以这样的方式与自己交朋友,同时也练习对别人慈悲一点。

借着施受法的修习,你会逐渐发展出对别人的悲悯之心。你会开始更加了解别人。你自己的痛苦就像拓宽心量的垫脚石一般。首先你要创造出一个空间,直接和某个特定的苦难相连——你自己的或别人的,然后将慈悲心的范围扩大,去理解苦难乃是普世性的共通现象。

当我们以纡尊降贵的态度,为某个充满困惑的人行施受法时,请深深地记住:就因为我们和他有过同样的经验,所以才能在观想时生起悲悯之心。我们都曾经愤怒过、嫉妒过

49　友爱与施受法

和孤独过。在痛苦时，我们都会做出奇怪的事。因为我们孤独无依，所以才说出残酷的话语；因为我们渴望别人的爱，所以才会去羞辱他。施受法教我们将心比心，首先就是要认清，别人的状况我们也曾体验过。慈悲心会生起，并不是因为我们比别人强，而是因为人类的烦恼本是共通的。我们越能认清自己的问题，就越能同理别人的问题。

50 即时安住

当地基瓦解时,我们可能会突然忆起下面这则口诀:"在心神涣散时能及时安住,你的修行便有些成就了。"当我们正在嫉妒、嫌恶、轻蔑或痛恨自己的时刻,如果还记得修心,便是有些成就了。其实所谓的修行,就是不去持续助长自己的惯性模式。我们尽力去撼动自己那合理化和归咎的模式;我们尽量安住在强烈的情绪能量里,而不形成造作或压抑。如果能做到这一点,我们的习性就会被穿透。

当然,我们的习性是非常坚实的、富诱惑性的、能带来慰藉的。只是一味想找到通风口是不够的。正念和觉察乃是转化的关键所在。我们能不能看见自己编造出的剧情故事,并能质疑它们的有效性?当我们被某一股强烈的情绪能量干扰时,我们能否记住这也是我们道途的一部分?我们能否感受到这股情绪,而将其吸入我们心中,为自己也为所有的人?纵使偶尔想起来做一下这个实验,也算是在培养勇士精神了。如果受到干扰时没能力修心,但仍然"知道"自己没能力,这也算是有点修为了。永远不要低估仁慈地觉知真相的那股力量。

51 深化的施受法

施受法进行一段时间之后，我们开始真的有能力与痛苦相连，有能力敞开心胸和放下，这时就可以进一步为一切众生修此法。这才是施受法的关键所在：你自己的苦受和乐受，变成了你和众生血脉相连的方法。行施受法可以让你和古人、现代人以及未来的人类，同享彼此心中的喜悦与痛苦。

任何一种令你不舒服的感觉，都可以善加利用。"我很不幸，我感到沮丧。没问题，让我充分去体验它，这么一来，其他人就不必去领受它，其他人就可以从中解脱了。"这么做，会觉醒你的情感，因为你有能力发愿："眼前的这份痛苦能利益众生，因为我有勇气把它完全吸进来，别人就不必受苦了。"而你所感到的那股法喜，那份敞开心胸和放下自我的喜悦感，也变成了你和别人联结的一种方式。呼气时你发愿："但愿我能释出任何一份善良或真诚的感受。任何一股幽默感、对黎明和黄昏美景的激赏之情，或是生活中的欢欣感，都可以和别人分享。"

如果我们愿意——即使是一秒钟——善用自己的苦受与

乐受来利益别人，我们就能带来更大的助益。在任何一种情况里，你都可以行施受法。不过要从自身开始发愿。然后将此法拓展到每一个慈悲心生起的情况里，为自己和你想帮助的那个人行自他交换。接着你会进入更困难一点的情况——如果你生起的第一个反应里不含慈悲的成分。

52 空船

有个禅宗的小故事,讲述的是某位男子于薄暮时分在河上泛舟,心情十分愉悦。他看到远方有另一艘船朝他驶来。起初他觉得,别人也能欣赏夏日里的黄昏丽景,真是很美妙的一件事。后来他发现,那艘船向他驶来的速度越来越快。于是他开始大叫:"嘿!嘿!注意一点啊!看在老天的份上,赶快转个弯吧!"但那艘船仍然朝着他快速驶来。他赶紧从船上站了起来,挥着拳头大声嚷嚷,不过那艘船还是撞上了他的船。这时他才发现,原来那艘船上根本没有人。

这个故事描述的正是我们生命的整个实况。外面充满着空无一人的船只,我们总是向它们挥舞着拳头大声嚷嚷。其实我们很可以利用它们来止息我们的念头。纵使只有片刻的止息,也能让我们安住在那个空档里。每当心中的剧情故事生起时,我们就可以行施受法。如此一来,我们遇到的每一件事都能帮助我们培养慈悲心,与心中的空性及开放性相应。

53 三毒

在佛法中，混乱的情绪通常被称为毒素。情绪毒素主要分成三种：贪、嗔、痴。我们也可以换别的方式来形容它们：渴欲、厌恶以及事不关己的态度。所有的上瘾症都被列在"渴欲"的范畴里，也就是不断地要、要、要——总觉得自己必须得到某种解答。"厌恶"包含了暴力、盛怒、嗔恨以及各种负面情绪，还有五花八门的烦躁感。至于痴呢？现代的解说可能会称之为"否认"。

此三毒永远都会以某种方式将你罩住，它们会监禁你，令你的世界变得狭小无比。当你渴望某样东西时，纵然是坐在大峡谷边，你所看见的景象，也还是那块你很想吃到的巧克力糖。如果心中充满着反感，就算是坐在大峡谷边，你所听见的，也只有十年前曾经对某人说过的气话。心中如果充满着无明，纵使是坐在大峡谷边，头上也像是罩着纸袋似的。每一种毒素都具有彻底将你罩住的能力，使你完全看不见眼前的东西。最重要的建议就是，不论你做什么，都不要企图赶走这些毒素。只要一想赶走它们，你就失去了观察自己的

53　三毒

神经官能症的资粮。很讽刺的是,我们最想躲开的事,往往是觉醒菩提心的关键所在。这些生猛的情绪瑕疵,正是勇士菩萨获得智慧和慈悲的资粮。不过,我们想摆脱这些瑕疵的欲望,一定会远远超过愿意安住于其上。这就是为什么要对自己慈悲和怀抱勇气的原因。缺少了友爱之心,安住于痛苦的修炼,就像是和自己打仗一般。

54 随时可行的施受法

在日常生活里行施受法，比坐在蒲团上打坐时修此法要自然得多。理由之一是，你永远不会缺乏修持的材料。日常的修行从来不会是抽象的。只要不舒畅的感觉一生起，我们立刻把它吸进体内，然后放掉心中的剧情故事。同时我们将自己的念头和关怀拓展到有同感的人身上，然后怀着愿心将这份不舒畅感吸进体内，希望大家都能从这份困惑中解脱出来。呼气时，试着将我们认为能带来帮助的解放感，送出去给自己和别人。如果遇见处在痛苦中的动物和人，我们也为其进行这样的修持。不论任何一种困难的情境或感受，我们都如此行之。时间久了之后，就越来越能运用自如了。

如果在日常生活里能注意到令我们快乐的事，也是很有帮助的。只要我们一注意到它，就立刻呼出去给别人，进一步地培养自他交换的态度。

身为勇士菩萨，如果能训练自己培养这种态度，我们会更有能力揭露内心的喜悦和平等心。因为具有勇气和修持的意愿，我们会更有能力经验到自己和别人的根本善性。我们

54　随时可行的施受法

也更能欣赏各式各样的人：有些人可能令我们觉得十分有趣，有些人令我们感到不愉快，有些人我们甚至完全不认识。施受法令我们找到了偏见的通风口，引领我们进入一个更温柔而开阔的世界。

与无常共处

55 从目前的状态开始修起

从眼前开始修起。这是非常重要的。施受法（以及所有的禅修）并不是当你变成自己所尊敬的完人时，才有资格修持的。你也许是世上最残暴的人——就从目前的状态开始修起。这是一个非常丰富的起点——辛辣刺激，滋味无穷。你也许是世上最忧郁的人，最严重的上瘾症患者，嫉妒心最强的人。你或许认为地球上没人比你更痛恨自己了。这都是很好的起点。就从你目前所处的状态开始修起——这就是你的起点。你对自己所做的事，包括每一个友善的举动，每一份温柔的对待，每一次诚实的洞见，都会影响你体验这个世界的方式。以何种方式对待自己，就会以何种方式对待别人。你对待别人的方式，就是对待自己的方式。如果你能透过施受法行自他交换，你会越来越无法分别什么是外、什么是内了。

56 经验你的人生

有个女人正在躲开老虎的攻击。她不停地跑着,老虎却越来越逼近她。她逃到悬崖边,看到一根藤,于是立刻攀藤而下,紧抓着藤吊在悬崖旁。她往下一瞧,地面上也有许多只老虎。就在这个节骨眼,她发现有一只老鼠正在啃她手上的藤。同时她又看见附近草丛里有一串野草莓。她看看上方,看看下方,又看看那只老鼠。突然她摘下一颗野草莓,丢到嘴里,快乐无比地嚼了起来。

上方有老虎,下方也有老虎。这正是我们一向的处境。我们诞生了,可迟早是要死的。每一刻都只有眼前的那个真相罢了。嫌恶、尖酸、生闷气,这些情绪只会阻碍我们去看、去听、去品尝以及享受。当下很可能是我们人生唯一的一刻,这颗野草莓也很可能是我们唯一能吃到的草莓了。我们可以对眼前的情况感到沮丧,不过也可以学着去欣赏它。我们可以把每个当下都视为人生最值得品尝的一刻。

57 如实见到真相

执著于各种信念,只会局限住我们对人生的体验。但这并不意味着信念、意见或概念都是有问题的。只有一意孤行的态度,对自己的信念和意见的执著,才会制造出问题。以这种方式来运用我们的信念系统,只会造成一种情况,让我们视而不见,听而不闻,沉睡不醒,活着犹如死亡一般。

如果人们想活得美好,圆满,无拘无束,冒险犯难,又真实不虚,那么就不妨依循下面这个具体建议:如实见到真相。当你发现自己正在执著某个信念或想法时,只要如实看着眼前的真相就够了。你不需要对其论断是非,只是认清真相就够了。了了分明地看着它,不带任何评断,随它去。然后立刻回到当下。从现在开始到你临终的那一刻,都可以这么去做。

58 佛陀

人们一旦决定成为佛教徒，通常会参加皈依三宝——佛、法、僧——的仪式。我总觉得这件事听起来像是一种有神论，其中暗示着二元对立性，而"皈依"又似乎意味着必须去仰赖某个对象。其实"皈依"在根本上指的是：从生到死我们都是孤独的，因此，皈依三宝并不是从三宝身上找到慰藉。反之，它基本的含义乃是要发愿跳出巢外，不管我们准备好了没有，都要通过我们的成人礼，变成一个不再仰赖他人牵引的成年人。"皈依"之后我们就要开始培养心量和善性，如此我们的依赖性才会越来越低。

佛陀是觉者，而我们也都是佛。我们本来就是觉醒的人——一个不断地跃进，不断在敞开心胸向前行的人。当个觉醒的佛可不是一件简单的事。恐惧、嫌恶和疑惑，随时都会与你相伴。学习带着恐惧、嫌恶和疑惑跳进虚空之中，才能成为一个完整的人。香巴拉的教诲告诉我们，轮回与涅槃是无二无别的，在薄暮的感伤与东方大日的辉煌景象之间，是没有任何分别的。你可以将它们都安置在心中，这才是修行真正的目的。

"皈依佛"意味着我们愿意花一生的时间，不断地跟觉醒的本性相连。任何一个当下若是皈依了"逃避"这个惯性反应，你都要脱下盔甲，解除那些障蔽我们的智慧、慈心和本觉的东西。我们并不是要变成另外一副模样，而是要和真正的自己产生联结。因此当我们说"我皈依佛"的时候，意思就是我要皈依那份无惧的勇气和潜力，将所有障蔽我本觉的东西全都抛掉。我是觉醒的，我要花一生的时间来脱掉身上的盔甲。没有任何一个人可以为我们做这件事，因为别人不会知道我们的那些小小的安全锁在哪里，别人不会知道里面的制栓在哪里，别人也不会知道在何处着力才能启动弹簧。你必须自己动手开锁才行。基本的操作指南很简单：先把盔甲脱掉。别人只能告诉你这么多了。没人能教你如何开锁，因为只有你才知道一开始是怎么把自己锁起来的。

59 当下

有一位既自大又骄傲的女士下定决心要开悟。她问遍了所有的大师如何才能做到这一点。有人告诉她:"如果你爬到那座山的顶峰,你会发现一个洞穴。那里面坐着一位充满智慧的老妇人。她会告诉你答案的。"

费尽千辛万苦,那位女士终于找到了那个洞穴。一点也没错,里面确实坐着一位看起来仁慈又有修为的老妇人,她身穿白袍,脸上带着优美的微笑。怀着崇敬之心,那位女士在老妇人脚前顶礼,然后说道:"我想开悟。请告诉我方法。"老妇人看着她,面带微笑地说:"你真的想开悟吗?"那位女士立刻回答:"我当然想开悟。"这时老妇人突然变成了恶魔,手上挥舞着一根巨大的棒子,一边追打她,一边大声喊道:"当下!当下!当下!"从此,那位女士再也挥不走那个嘴里喊着"当下"的恶魔了。

当下——这就是开悟的关键。正念训练我们对当下充满好奇,保持觉醒及灵敏。呼气是"当下",吸气是"当下",从幻想中清醒过来是"当下",纵使幻想本身也是"当下"。

与无常共处

你越是能彻底安住于"当下",就越是能体认到,自己其实一直站在一个圣圈的中心点。不论你是在梳头、刷牙、等菜凉一点或是在擦屁股,都不是什么小事。无论你正在做什么,都是在跟"当下"相应。

60 日常生活中的爱

佛陀说我们从未背离过解脱的状态。即使在陷落得最深的时刻,我们也未曾脱离过觉醒的状态。这是一个非常具有革命性的主张。纵使我们这种充满着困惑和情绪问题的凡人,也拥有这个早已解脱的菩提心。菩提心有时被比喻成破碎之心的伤口。它使我们和所有曾经爱过的人紧紧相系。这份真挚的哀伤可以使我们体认到大悲之心。当我们狂妄自负时,它使我们谦卑素朴;当我们严厉无情时,它会柔软我们的心;当我们昏聩时,它能觉醒我们,并能穿透我们的冷漠无感。如果我们充分接纳这连绵不断的心痛,它就会变成使我们与众生联结的一份恩赐。

菩提心的温暖和开放性,才是我们真实的本质和条件。即使我们的神经官能症凌驾于我们的智慧之上,即使在最困惑无助时,菩提心仍然像开阔的晴空一般,存在于心底深处,并没有被暂时出现的乌云所减损。

在照料生活琐事的时刻,或是在擦眼镜、梳头发时,都可以触及菩提心。欣赏某个东西,注意到蔚蓝的天空,或是谛听雨声，都可以联结菩提心。心存感激，忆起某份善意，或是觉察到别人的勇气，都会跟菩提心相应。在音乐、舞蹈、艺术和诗歌里，也有它的踪影。每当我们放下心中的执著，开始欣赏周遭世界，每当我们和苦难相连、与喜乐相系，或是放下了心中的嫌恶和抱怨，菩提心都会出现在眼前。

61 扩大慈悲心的范围

不把任何人视为敌人，不将任何人阻隔于心外，是需要很大的勇气才能办得到的。如果以这样的方式生活，我们可能会发现，其实没有任何人是全对或全错的。如此一来，生活就变得比以往更难攀援，也更有趣了。想要找到绝对的是与非，乃是我们玩弄自己的一种把戏，目的只是为了得到安全感和慰藉。

举止流露出慈悲，与人同在，言行显示出善于交流的品质，要达到这样的境界，必须留意我们是从哪一刻开始论断起自己的是与非。就在那一刻，我们不妨深思一下，除了是与非之外，还有另一面，那便是所谓的菩提心了。触及这个温柔而不确定的地带，将帮助我们释放出当时的情绪，让心胸更为宽大，而不是愈趋狭窄。我们会发现，只要一开始献身于施受法的修炼，以雀跃的心情看待以往所不能接受的部分，我们的心就会从此改观。我们那些老旧的习气会柔软下来，开始能真的看见眼前的人，听见对方的心声。一旦懂得对自己慈悲，我们自然就会扩大慈悲心的范围——对象以及方式。

与无常共处

62 不方便

　　一旦踏上勇士之旅,你会发现道途经常是极不方便的。如果决心过完整的生活而不是选择死亡,你会察觉生活原来是极不便捷的。全心全意地过日子,本是一份珍贵的才华,但没人能带给你这份才华。你必须找到那条勇者之道,全心全意地走完它。在这个过程中,你将一再地碰见自己的焦虑、自己的烦恼、自己的挫败所造成的不便。若能全心全意如法修持,这份不便就不会成为障碍。它只是生活的某种质感,生命的某种能量罢了。

　　不仅如此,有时你会觉得一切顺心而变得洋洋得意,于是你生起了一个念头:"这就对了,我已经上了那条勇者之道了。"接着你却突然摔了一大跤。每个人都在盯着你瞧。你对自己说:"这不是勇者之道吗?怎么感觉上却像是泥泞之路呢?"就因为你全心全意献身于勇者之道,所以它才戳你,刺你,那种感觉就像有人在你耳边窃笑似的。当你不知道该怎么办的时候,它会向你挑战,要你想出对治的办法。它令你谦卑。它打开了你的心。

63 进一步扩大慈悲心的范围

全人类的攻击性如何才能减低而不再增加？请把这个问题降到个人的层次：我要如何跟某个正在伤害我或伤害别人的人沟通，才能把双方的心打开，而联结上我们所共享的那份根本的智慧？如何沟通才能使看似冻结、永远无法改善的攻击性软化下来，让双方开始以仁慈的方式彼此交流？

你必须心甘情愿地去体会自己所经历的情绪，这种情况才会发生。你必须仁慈地接纳自己认为毫无价值的那些部分。如果你能借着静坐平等地觉察舒适及痛苦的感觉，甚至能发愿对自己的感觉保持醒察和开放，并且在每个时刻都尽量觉知它，事情就会发生变化了。

64 什么是业力？

业力是个很复杂的议题。它基本上指的是，你这一世所发生的事，可能是你过去所作所为的结果。所以老师才会鼓励你面对眼前的情况，而不去归咎于别人。这类有关业力的教诲是很容易被误解的。人们会堕入沉重的罪恶感中。他们觉得如果事情不顺，一定是自己做了不当的事而遭到了惩罚。但业力的含意并非如此。它真正的意思是，为了打开你的心，你得继续接受教训。因为你还没学会不再护卫心中的那个柔软地带，还没学会不再防卫心中真实的感觉，所以上天给你一个学习的机会，而这个机会就在你的生活里。你的人生给了你足够的机会，学习进一步地拓展自己的心量。

65 成长

学习对自己仁慈是很重要的事。如果向内观照自己的心，而开始发现困惑与明觉、苦涩与甜美的真相，那么我们不只是认清了自己，同时也认清了整个宇宙。一旦发现自己就是佛，我们势必会体认到众生也都是佛。我们发现众生都是觉醒的，每个人也都是觉醒的。众生以及每个人都是宝贵的、圆满的、良善的。如果能以幽默感和开放的心来看待念头和情绪，就能以同样的方式来感知整个宇宙。

这份对世界的开放态度，将同时裨益自己和他人。我们越是能跟别人联结，越是能快速地发现自己卡在何处。认清这一点是很有益的事，但也是很痛苦的事。有时我们会利用它来攻击自己：我是不仁慈的，我是不诚实的，我是不勇敢的，还不如放弃算了。这时若能对自己所观照到的真相温柔以待，不下论断，那么镜中的那个令人感到羞耻的影像，就会变成自己的挚友。我们会越来越柔软和放松，因为我们心里很清楚，这是唯一能继续跟别人相处下去的方式，也是唯一能为地球带来恩典的方式。这就是成长的开端。

66 不要期待别人的赞赏

这句口诀真实的含意是，不要期待别人会感谢你。这是很重要的一点。一旦打开心门邀约所有众生做你的贵宾——你可能连窗户都打开了，所以墙都被挤破了——你会发现自己的世界竟然变得毫无遮拦起来。你感到有点骑虎难下。起先你认为善门大开会让自己感觉很舒服，而且左右都有人对你心存感激——那你就错了，因为事情不是这样的。与其希望别人感激你，不如期待事情会出乎意料，如此你才会对进入屋内的东西保持好奇。如果能不期待任何回馈，才能真的对别人敞开胸怀。只是为了开放而开放。

反之，对别人表达我们的感激却是一件好事。对别人表达我们的感激是非常有益的事。如果我们的动机是要别人喜欢我们，不妨记住下面这句口诀：要感谢别人，但不要期待别人会感激我们。只是单纯地打开心门，不带有任何期望。

67 六种慈悲的生活方式

依照传统,菩萨必须接受六度的训练,也就是六种慈悲的生活方式:布施、持戒、忍辱、精进、禅定及般若智慧。传统上称之为六波罗蜜,梵文的意思是"渡到彼岸"。其中的每一种行动,都可以帮助我们超越嫌恶和执著,超越自我中心的倾向,超越人我之分。每一种波罗蜜都能帮助我们放下执著,不再恐惧。借着六度波罗蜜,我们学习安住在未知里。"渡到彼岸"具有一份无依无恃的本质,一种前不着村后不着店的感觉,好像被卡在中间似的。

我们很容易将六波罗蜜视为僵化的道德律,或是一连串的准则。然而勇士菩萨的世界可没这么简单。六波罗蜜并不是什么圣诫,他们真正的作用是在挑战我们的惯性反应。六度的修持可以使我们谦卑,让我们保持真诚。练习布施的时候,我们会意识到自己的执著。固守着"不伤害"的戒律,我们会发现自己的僵化和掌控欲。忍辱则能帮助我们安住在焦躁不安的情绪里,允许事情按照它自身的速度演进。在精进的过程中,我们逐渐学会放下自己的完美主义,跟每个当下活生生的真相紧密相连。禅定能训练我们不断地回来安住于当下。而般若智慧的探究之心——如实见到事物的真相——则是六度训练的关键所在，因为缺少了般若波罗蜜多，或是无条件的菩提心，其他的五种行动很可能被当作夺回立足之地的手段。

68 般若

般若能穿透因护卫自己的领域所带来的巨大苦难。般若令我们无法再借着自己的行为来寻求安全感。般若将所有的行动转成了黄金。据说其他的五种行动——布施、持戒、忍辱、精进和禅定——都可以为我们带来立足点,只有般若能穿透这一切。般若使我们无家可归,我们没有任何一个住留之处。但也就因为有了它,我们终于可以放松了。

有时我们极为渴望回到旧有的习性里。布施的时候,我们才发现自己那总想紧抓不放的怀旧之情。持戒的时候,我们看见自己的心有多么想飘出去,它完全不想跟当下相连。精进的时候,我们突然发现自己的懒惰。透过坐禅,我们终于看见自己那散乱不休的心,以及漠不相干的态度。

因为有了般若,其他的五种行动或波罗蜜,才不会成为护卫自己的工具。每一次在练习布施、持戒、忍辱或精进时,就像是放下了沉重的负担一样。般若波罗蜜多的基础就是正念——对自身的经验进行开放的探索。我们的质疑之中并不带着想要发现解答的动机。我们培养的是一颗敏捷的好奇心,它对任何的局限或偏见都不满意。怀着这份无住的般若之心,我们修持其他五种波罗蜜,让心从狭隘转成无惧和伸缩自如。

69 布施

布施的本质就是放下。心中若是有痛苦，代表我们还在执著某样东西——通常都是我们自己。如果感到不快乐，感觉自己有所不妥，我们会变得吝啬，我们会紧抓不放。布施是一种让我们放松下来的行动。只要尽力布施——一块钱、一朵花、一句鼓励的话——都是在训练自己放下。有太多的方式可以练习布施。重点并不在给出多少东西，而是要释放执著的习性。传统的修持要求我们把自己最珍爱的东西送给某一个人。我认识一位女士，她决心把自己执著的每一样东西都送出去。某位男士在父亲过世后的六个月里，每天都布施一些钱给街上的乞丐。这便是他化解哀恸的办法。另一位女士则经常观想将自己最怕失去的东西送给别人。

布施能凸显出我们的紧缩和执著。我们一开始总想规划好一切，但无常永远会打破你的计划。从布施的举动之中将演变出真正的解放。我们所抱持的守旧观点会因此而改变。如果我们不再紧缩和执著，恐惧和攻击性的起因就会自动消解。

与无常共处

布施之旅可以深刻地联结起菩提心，让我们心甘情愿地放下心中的障碍。我们开放自己的心，让别人能碰触它。我们将信心建立在无边的富足感之上。在日常生活里，布施能让我们体验到温暖和韧性。

70 持戒

消解掉攻击性是需要靠持戒才能办到的，不过态度要保持温柔和坚定。缺少了持戒波罗蜜，我们会失去进化的支撑。从表面上看来，我们可以把持戒视为一种架构，譬如三十分钟的静坐或两个小时的佛学课。也许最好的例子就是坐禅了。我们保持固定的坐姿，尽量忠于老师交代下来的方法。我们轻柔地觉知着呼出的气息，不论心中生起的是什么情绪、回忆、剧情或乏味的感觉。这个单调而重复再三的过程，就是在邀约我们最珍贵的本质进到生命里。所以我们要依照历代的修行人传习下来的指示练习静坐。

在这个架构之中，我们怀着慈心进行持戒的修炼。从内心的层面来看，持戒就是回到温柔、诚实、解放的状态。持戒就是要找到松紧之间的平衡点——散漫和僵固之间的平衡性。

持戒提供我们一份支撑，让我们的速度放慢，安住于当下，这样我们的生活才不会出乱子。它带给我们勇气，让我们进一步地深入于无依无恃的状态。我们要戒除掉任何一种逃避现实的形式。持戒使我们安住于当下，和那份珍贵的本质相连。

71 忍辱

忍辱波罗蜜是对治愤怒的一剂解药,一种学会爱和关怀的方式,不论在道途中遇见的对象是什么。忍辱并不意味着忍耐或逆来顺受。在任何一种情况之下,与其突然产生反应,不如咀嚼它,闻一闻它,看一看它,打开心门观察一下眼前的东西是什么。忍辱的反面是攻击性——想跳起来采取行动,对抗我们的人生,一股想要填满空虚的欲望。忍辱之旅涉及的是放松,对眼前发生的事敞开胸怀,体验那股不确定的滋味。

施受法是修持忍辱的方式之一。如果我们想突然采取行动,想加快生活的速度,感觉自己必须找到解答,或者因某人对我们叫嚣而感到受辱,于是想骂回去或报复他,这时都可以修忍辱。每当我们想释放出毒素时,只要为众生行施受法,便可联结人性的根本焦虑和攻击性。然后我们将那份开阔的空性呼出去,如此就能让事情缓解下来。无论是坐着或站着,都可以腾出心中的空间,不让惯性反应占满它。因为我们给了自己一些时间,去接触、品尝和观赏眼前的情况,所以我们的言行举止产生了变化。

  在修持忍辱的时候，首先要对自己有耐性。我们学习以轻松的态度面对自己的焦躁能量——或是愤怒、乏味及兴奋的能量。忍辱也是需要勇气才能达到的状态。它不是一种理想化的祥和境界。事实上，一旦修持了忍辱，我们的焦虑反而会变得更鲜明。

72 精进

精进波罗蜜往往与喜悦相连。修持这项波罗蜜就像小孩学走路,虽然急着想学会,却没有任何目的。这股喜悦及振奋的能量,并不是靠运气得来的。你必须持续修习正念和发慈悲心,才能打破心中的藩篱,敞开自己的心胸。当我们学会安住于无所依恃的状态时,这股热情的能量就出现了。

持续修炼下去,我们一定会发现从卡住到觉醒的窍门是什么。关键就在愿意持续体验那些被我们闪躲掉的习性。如此一来,自我执著的习性便有了通风口,而逐渐减弱下来。

我们的视野越是能拓展,就越能与喜悦相连。精进使我们对解脱产生渴望。它促使我们行动、给予,以感恩的态度面对眼前所遭遇到的事。如果我们真的认清趋乐避苦为整个地球带来了多大的痛苦——它造成了我们的不幸,使我们和自己的本善失去了联结——我们就会像头发着火似的赶紧修心了。毫无疑问的,我们一定会认为自己还有许多时间,以后修还来得及。

只要一开始修习精进,我们就会发现有时自己可以办得到,有时却办不到。接下来的问题则是:我们如何才能得到启发?如何才能在每个当下和喜悦相连?

73 禅定

当我们坐禅的时候，必须放下那份想做禅定高人或进入理想定境的念头。我们训练自己安于当下。我们敞开心胸，彻底面对生活中的苦与乐。我们训练自己保持稳定、温柔和自在。因为我们以仁慈的态度观照念头和情绪，所以我们不再和自己抗争。我们学着去发现自己何时卡住了，并且要相信自己有放下的能力。如此一来，由习性和偏见创造出的障碍就瓦解了。依此法来修持，被我们障蔽住的智慧——菩提心的智慧——就会重新出现。

禅定也许是唯一不会增添什么的事情。坐禅时，我们会跟一个无条件的东西相连——那是一种心境，一种既不紧抓，也不抗拒的基本心境。它允许所有的事物自由来去，而没有任何粉饰。禅定是一种完全没有暴力、没有攻击性的修持。不把空间填满，跟无条件的开放性相连，可以带来真实的转化。我们越是能安坐在这种不可能达到的境界之上，就越会发现自己永远都可能办得到。

如果我们执著于心中的念头和回忆，就是在执著于那些根本无法抓住的东西。一旦察觉这些魅影,并且放下它们,就会发现一个空间,两念之间的一个空档,进而瞥见开阔无边的晴空。这是我们与生俱来的权利——生来就有的智慧,从圆满的本性、本智和空性中展露出的无量示现。当前念熄灭后念未起之际,我们不妨安住在这个空档里。

74 让世界说出自己的真相（不应颠倒）

"不应颠倒"这句口诀暗示着对祥和、慈悲、忍辱和布施的误解。切莫曲解这些事情的含意。世上有慈悲，也有愚蠢的慈悲；世上有忍辱，也有愚蠢的忍辱；世上有布施，也有愚蠢的布施。譬如，以息事宁人的态度来逃避冲突，并不代表慈悲或是有耐性。那其实是一种掌控的手段。因为这么一来，你就不需要踏进未知的领域，也不可能发现赤裸裸地面对真相是什么滋味了。你会用愚蠢的慈悲和其他的东西来欺骗自己。

一旦打开心门，邀请众生做你的贵宾，就必须放弃自己的那些谋略。各式各样的人都会进入你的家中。你以为自己的对策一定会奏效，结果却失效了。某个方法也许对某人有利，但用在另一个人身上，却发现他看你的眼神就像在看疯子一般，甚至有人会觉得你在羞辱他。运用统一的公式是无效的。你并不知道什么方法能带来帮助，你只能保持言行举止的清明与坚定。清明与坚定来自于愿意将速度放慢，耐心地倾听，仔细地观察眼前所发生的事。它们来自于你那敞开的心和不逃避的态度。然后你的言行举止就会带来真正的帮助——包括你和别人在内。

75 禅定和般若

身为人类，我们不但追求解答，而且觉得自己应该得到解答。情况虽然如此，我们却不但得不到解答，反而因追求解答而受苦。其实我们应该得到的是比解答更好的东西：我们该得到的是我们的天赋权利，也就是般若——一种可以轻松面对矛盾及暧昧的开放心胸。

般若就是开放的眼、耳、心，在每个众生身上都可以发现它。它是未经过滤的表现，它是流畅无阻的，而不是可以度量或堆积的具体之物。

般若波罗蜜多本是人类共有的经验。它不是什么特别祥和的心境，但也不是混乱无明。它就是我们那颗能够开放、质疑和不偏颇的初心。至于它以好奇的、迷惑的、吃惊的或是放松的形式出现，并不是重点所在。不论我们是处于突然陷落还是洋洋得意的状态，都要运用自己的般若智慧。

坐禅提供了一种训练般若智慧的方式——在每个当下保持开放。如同创巴仁波切所说的，我们训练自己"不怕变成一个傻瓜"。我们和自己的生命建立起单纯而直接的关系——

与无常共处

不哲学化,不道德化,不批判。心中生起的不论是什么都可以接受。

那就像是清晨时分躺在床上谛听屋顶上的雨声一般。单纯的雨声听起来或许有点扫兴,因为我们正准备去郊外野餐。不过它也可能十分悦耳,因为我们花园里的土最近有点干燥。伸缩自如的般若之心,不会轻易下好坏的论断。它只是如实觉知外面的声响,不添加额外的东西,不做快乐或哀伤的评断。

76 维持心胸的开阔

在每一天的开始,用你自己的语言,鼓励自己维持心胸的开阔,保持好奇心,不论事情变得多么困难都一样。然后在一天结束的时刻里,当你准备入寝时,不妨回顾一下当天所发生的事。你也许会发现,一整天下来,你连一次都没记起早上曾发过的愿。与其利用这个发现来打击自己,不如善用它来深入认识自己。用它来认清各种自欺的把戏,认清各种逃避和封闭的技俩。譬如你不想再继续发菩提心,是因为你觉得自己可能会失败,这时不妨对自己仁慈一点。即使是反省一天之中所发生的事,都是很痛苦的感觉,不过你最后可能会更敬重自己。你发觉一天之中的气候是变化万千的,我们永远不可能有固定不变的面貌。越是能敞开心胸,挑战来的就越多。

77 断一切果求

"果求"暗示着未来的某个时刻,你会感到十分满意。佛法最强有力的教诲就是:只要你还在期待事情会有所改善,它就永远也不会起变化。

我们最深的一种习性模式,就是觉得当下的一切都是不够好的。我们时常回顾过去,不论过去比现在好,还是比现在差。我们也时常思考未来,总希望未来能够比现在强一些。纵使目前的一切都很顺利,我们还是无法完全肯定眼前的自己。

举个例子来说,我们很容易期待坐禅能改善目前的情况:我们的坏脾气从此会改观,我们永远不再有恐惧,别人会更加喜欢我们;或者我们会认为自己将充分觉醒,变得神圣而智慧。我们往往利用修行来强化心中的想法,好比修行如果顺利,一定会连上一个更浩瀚的世界,一个和现在完全不一样的天地。

与其追求修行的果位,不妨试着安住于我们那虚豁无阻的心。这是一种以当下为导向的态度。若是能跟自己建立起

77　断一切果求

一份无条件的关系,我们就会联结上自己早已具足的觉性。

就在当下这一刻,你能不能跟自己建立起一份无条件的关系?你能不能接纳自己的身高、体重、智力和心中的那份沉痛感?你能不能无条件地接纳上述一切?

78 清凉的孤独

清凉的孤独令我们诚实而不带侵略性地看着自己的念头。我们会因此而逐渐放下心中的那些理想——譬如自己该变成什么样的人或想成为什么样的人，别人会认为我们该变成什么样的人或想成为什么样的人。我们放下了这种种的理想，慈悲而幽默地直觑自己的真相。这时，孤独就不再是威胁，不再是心痛，也不再是惩罚了。

清凉的孤独不给我们解答，不提供依恃。它向我们挑战，要我们跨进没有参照点、不偏于一边、不固执于定见的世界里。这便是所谓的中道，亦即勇士菩萨的圣道。

早上醒来，不知为何，心中就是有一股疏离而孤独的感觉。这时你能不能将它视为一个黄金时机？与其困扰自己，或认为出了什么严重问题，不如在这个充满哀伤与渴慕的时刻里，以放松的心情和无量的空性联结。下次如果有机会，请试试看。

79 当学三种难

　　这三种困难分别是：如实认清自己的神经官能症，换一种方式行事，发愿继续依上述的方式修行。

　　认清我们都是波动不安的生命，乃是最困难的一步。如果无法意识到自己卡住了，想要解脱是不可能的。"换一种方式行事"，暗示着我们有一种想逃离现实的强烈倾向。这时不妨放下心中的剧情故事，跟底端的情绪能量联结，就地行施受法，忆起修心口诀，或是突然唱起歌来——任何一种可以瓦解习性的事，我们都可以去做。第三个困难是记住将上述两种修行方式持续下去。中断那些具有破坏性的习惯，觉醒我们的心，乃是终身要进行的修持。

　　修行的本质永远是相同的：与其落回到报复或自怨自艾的连锁反应，不如逐渐学会在当下察觉自己的情绪反应，放下心中的剧情故事，然后我们才能完全意识到身体的觉受。而其中的一种方式就是将这股情绪吸入心中。借由对情绪的体认，放下心中的剧情故事，感受到当下所出现的情绪能量，才能培养出对自己的友爱和慈悲。然后我们会发现，数以百万计的人都和我们有同样的感觉，于是我们将这股情绪吸入心中，并发愿众生都能解脱无明及惯性反应。如果我们以仁慈的心情来觉察自己的困惑，就能将这份慈心拓展到同样困惑的人身上。发菩提心的神奇之处，就在于它能扩大慈心的范围。

80 沟通

我们有一种强烈的倾向，总想让自己脱离真实的经验，因为它会使我们受伤，佛法却鼓励我们更贴近那份经验。虽然诠释"慈悲的行动"有许多种方式，我最喜欢的却是"沟通"二字——尤其是诚心的沟通。

做所有的事都该怀着想要沟通的意愿。下面有个很实际的建议：你在做每一件事的时候，都应该让别人明白你真实的动机，而不是令语言造成更大的障碍，使别人的耳朵更加封闭。在这个过程中，我们同时要学习如何去倾听和观察。让你的身、口、意都不背离想要诚心沟通的渴望。你说出的每一句话都可能令情况变得更为两极化，使你更相信自己是个孤立的个体。反之，你的身、口、意也可能促进你想沟通的渴望，使你跨出我们都深信不疑的那个迷思——我们只是个孤立的、与众生隔离的渺小个体。

负起这份责任，乃是觉醒菩提心的另一种方式，因为责任之中有一份品质，那就是了了分明地认清事物的真相。责任之中还有另一份品质——仁慈，也就是以温柔而诚实的态

与无常共处

度观照自己,不带任何批判。此外,你还必须有能力继续修持下去。你只是不断地修持,而不落入僵固的自我认同,譬如把自己视为成功者或失败者,施虐者或受虐者,好人或坏人。你只是清晰而又慈悲地看着自己,继续修持下去。下一刻永远是新颖而开阔的。如果仍旧以未来为导向,你就永远无法放松下来,欣赏你早已拥有的东西或真正的身份。

81 大关卡

如果我们一心想与人沟通，而且心里有股强烈的意愿想帮助别人——譬如从事社会工作，帮助自己的家人或社区，跟需要我们的人同在——那么迟早我们会经历一个大关卡。我们的理想和眼前的现实完全无法相融，感觉上就像是被一个巨人用手指夹住了一般。我们发觉自己正卡在一块岩石与某个硬东西之间。

我们的理想和我们真正遇见的事，经常是相互矛盾的。举个例子，譬如对养育儿女这件事，我们都有很高的理想，但孩子们真实的情况，时常会向我们的理想挑战，例如在早餐桌上，孩子把东西吃得满身都是的那一刻。或者在坐禅时你发现，不被情绪冲得头昏脑胀而还能感觉到它，是多么不容易的一件事。就算单纯地培养出对自己友爱的态度也十分困难，尤其是当自己感到不幸、惊慌或完全失控时。

我们的愿望和真正示现出的情境之间，永远存在着矛盾。不过这两者之间的摩擦——现实与愿景之间的挤压——往往能促使我们成长，使我们变得百分之百的诚实、清醒、慈悲。这个大关卡才是道途上——尤其是觉醒之道上——最丰饶的时刻。

82 好奇心与慈悲心的范围

自我中心的倾向、保护自己的企图，都是极为强烈而无所不在的。有一个简单的方法可以将它倒转过来，那就是对每一件事都怀着好奇和追根究底的心。这是助人的另一种方式，当然在此过程中也帮助了自己。我们修己乃是为了帮助别人，而帮助别人也就是在修己。整个道途似乎都跟好奇有关，亦即向外观察，对我们的生命和眼前环境里的细节，都感到兴趣盎然。

每当我们发现自己被激怒时，我们可以选择压抑或是反击，但也可以选择修心。如果在那个当下立刻行施受法，怀着开放的心情，将丢脸、恐惧或愤怒的感觉吸入心中，我们会十分惊讶地发现，我们竟然能以豁达的心胸去体会对方的感受。心一旦开了，就是开了。它一旦敞开了，你的眼睛与头脑也同时打开了，你终于看见了别人脸上和心里所发生的事。假设你正在街上走路，你看到远方——远到你几乎无法采取任何行动——有某个男人正在打他的狗，这时你唯一可做的事，就是为那只狗和那个男人行施受法。同时你也在为

与无常共处

自己那颗哀痛的心，为所有正在施虐或受虐的动物及人类，为所有像你一样正在目睹这类景象而感到束手无策的人，行自他交换。只是一个简单的自他交换，就能使这个世界变成一个更宽宏而有爱的地方。

83 扩大施受法的范围

在菩提心的修持过程中，慈悲心的范围会以自己的速度自然而然地扩大。这不是你可以促使它发生的事，也绝不是一件可以假装的事。不过你可以鼓励自己偶尔假装做个实验，看看为你的敌人行施受法会发生什么事。观想你的敌人就在你的面前，或者刻意想起你的敌人，为他行施受法。不妨依照下面这个简单的方式来进行观想：我要做些什么，才能让我的敌人听到我想对他说的话？我要做些什么，才能让我听到他想对我说的话？因此，施受法的本质就是诚心的沟通。

为众生行施受法、为自己或眼前的情境行施受法，这两者并不需要分开进行。这是我们必须一再被提醒的重点。当你和自己的苦难联结时，同时也反映出此刻与你有相同感受的众生的苦难。他们的剧情故事也许有所不同，但痛苦是相同的。如果你为一切众生及自己同时行施受法，你会体认到，自他其实是毫无分别的。

84 对所有的人感恩

"对所有的人感恩"就是接纳被自己所拒绝的某个面向。借着这项修持，我们会跟自己所不喜欢的人达成和解。更重要的是，和自己所不喜欢的人相处，可以使我们和自己建立起友谊。

如果列举出自己所不喜欢的人——那些令我们厌恶、具有威胁性，或是被我们蔑视的人———定会在自己身上发现我们不想面对的某些特质。如果以一句话来形容我们碰到的每一个麻烦人，我们会发现，那一张清算单上的形容词，其实都在描述我们自己的某些特质。我们将这些特质投射到了外在世界。那些有意无意排斥我们的人，往往能反映出我们所不能接纳的自我面向，缺少了他们，我们可能什么也看不见。传统的修心教法是以另一种方式来解说的：别人能引出我们尚未消解掉的业力。他们就像镜子一样，使我们有机会和我们背包里的那些古老而沉重的花岗石建立交情。

85 障碍

　　内在与外在都可能出现障碍。外在的障碍指的是被某件事或某个人伤害的感觉，或是认为自己所拥有的祥和与宁静被干扰到了，某个恶棍破坏了所有的好事。这种受到阻碍的感觉，可能会出现在关系之中，也可能出现在其他情况里：我们感到失望、受创、困惑，以为自己遭到了某种形式的打击。自从有时间以来，人类就一直怀着这份感觉。

　　至于内在的障碍，也许除了自己的困惑无明之外，根本没什么东西真的在打击我们。除了我们那自我保护的需求之外，并没有什么具体的障碍。或许唯一的敌人就是：我们不喜欢当下的真相，总希望它快点消失。但身为修行人的我们却体认到，除非我们已经学会了必修的功课，否则问题是不会消失的。纵使以每小时一百里的速度逃到大陆的另一端，抵达目的地时，我们还是会发现旧有的问题已经等在那里了。它不断以新的名称、形式和样貌出现在我们面前，直到我们学会了必修的功课为止：在何时我们把自己和现实分开了？我们是如何抽离出来而失去了开放性的？我们以什么样的方式封闭住内心，不让自己充分体验眼前的遭遇？

86 六种独处的方式

我们通常会把孤独视为敌人。那是一种焦躁不安、严阵以待、急于逃离、很想找个人或找样东西来做伴的感觉。如果我们安住于其中,就能跟孤独建立起友好的关系。这份清凉的寂寥之感,将彻底翻转我们平日里的恐惧。清凉的孤独有六种描述的方式。

寡欲 虽然一心想找到某样东西来改善我们的心境,却宁愿安住于孤独,不去寻求解答。

知足 我们不再相信逃避孤独可以带来快乐、勇气或力量。

不从事不必要的活动 不再寻找某样东西来解救自己或娱乐自己。

彻底守戒 只要一有机会,就心甘情愿地回到当下,仁慈地觉知着自己。

不在欲界流连 直接面对事物的真相,不企图改善它们。

不借散漫的妄念寻求安全感 不从喋喋不休的自我对谈中寻找友谊。

87 彻底加工

我们的情绪具有一种恶性循环的力量，了解到这一点，可以帮助我们认清自己是如何在助长痛苦，如何在助长困惑，如何在伤害自己的。因为我们都具有本善、本智和本觉，所以我们有能力不再伤害自己和别人。

借着正念，我们可以在问题一生起时就立刻看见它。我们不再落入小题大做的连锁反应里，而开始把小事化无，这样事情就不会因小题大做而恶化成第三次世界大战或是内战。我们只是单纯地学会暂停片刻，不再冲动地重复做同样一件事。只是暂停片刻，而不立即填满那具有转化力的空境。透过这等待的时刻，我们开始与根本焦虑以及根本空性产生了联结。

其结果是我们不再造成伤害。我们开始彻底认清自己，并开始懂得尊重自己和他人。什么事都可能发生，什么东西都可能进入我们的屋里。也许我们发现客厅的沙发里坐了一只大恐龙，却不感到惊慌失措。借着诚实而温柔的正念，我们已经被彻底加工而认清了自己的真相。

与无常共处

88 一门深入的承诺

最近我在一个类似"新时代灵修超市"的活动里,带领了一次周末工作坊。我的工作坊是七十多个不同的工作坊中的一个。在停车场里或是午餐时,你会听到人们彼此交换意见:"喂!这个周末你上的是什么课?"我已经很久没碰过这样的事了。

以前我也干过"灵修血拼"的事。为了制止这个习性,我接纳了我的老师创巴仁波切的忠告,他告诉我,"灵修血拼"是一种想找到安全感、让自己一直觉得很舒服的企图。你可以在许多场所里听闻到佛法,但除非遇见真的能触动内心的方法而决定依循到底,否则你是不可能许下承诺的。为了深入于修行,你必须全心全意地坚守你的承诺。一旦选定了某个途径而坚定地走下去,你就开始踏上了勇士的冒险之旅。这样你才会真的有所转化。缺少了一份承诺,只要一受到伤害,你就会立刻脱离,去追寻别的道路了。

问题依然是:我承诺的对象到底是什么?是不是一种操控人生和世界的安全做法,为的只是得到保障和保证?或者

88 一门深入的承诺

我所承诺的是,深入地探索自己究竟能放下到什么程度?我们是在皈依自我满足的行为、言语和心念,还是在皈依勇士之道,大步跃进,跨出以往的安全地带?

89 三种对治混乱的方法

面对困境时，有三种非常实际的对治方法，可以帮助我们觉醒和生起喜悦：不再挣扎，将毒素当作解药，把眼前出现的每一个现象视为本慧的示现。

第一个方法在坐禅的指示中会略为提到：不论心中生起的是什么念头，我们都只是直觑着它，称之为"妄念"，然后回到当下的呼吸之上。在生活中如果遇见了困难，我们也还是继续依此法去修。我们将心中的剧情故事抛开，把念头放缓下来，安住于当下，并放下不断增殖的批判和计划，停止所有的挣扎。

第二个方法是善用毒素作为觉醒的燃料。通常老师会在施受法中介绍这个观念。与其推开困难的情境，不妨用它来联结和我们一样痛苦的人。施受法中有一句愿文："当世界充满着邪恶时，要将所有的不幸转成解脱之道。"

第三种对治混乱的方法，就是将所有生起的现象视为早已觉醒的能量。我们把自己看成是已经觉醒的人，我们把自己所处的世界看成是神圣的净土。这种观点鼓励我们将生活

89　三种对治混乱的方法

中的一切都当成解脱的基础。

我们身处的环境，我们心目中的自己——这些都是修行的基础。如坟场一般的人生就是本慧的示现。这份智慧既是解脱的基础，也是迷惑的根基。每一刻我们都在做选择：往哪一个方向走才对呢？要如何与存在的原料相连？

90 就地修平等心

走在路上无论遇见什么样的人，都要尽力保持觉察。这项修持让我们以诚实的态度面对自己的情感，而变得更能体恤别人。当我们经过路人时，我们会发现自己的心究竟是敞开的，还是封闭的。我们会注意到自己被吸引，产生反感，或是毫无兴趣，但并不增添额外的自我批判。我们可能同情某个看起来很忧郁的人，或是被另一个人福至心灵的微笑所鼓舞。我们可能对某人感到恐惧和反感，却不知道原因是什么。留意自己何时敞开心胸，何时封闭——不带有抱怨或赞同——正是我们修行的基础。修此法只消走一条街的路程，就能使你大开眼界。我们可以进一步将此法当成共鸣与同理的基础。我们自己的恐惧或极端厌恶的感觉，都可以变成同理别人的机会。我们的友善和欢愉也使我们和路人产生了联结。任何一种可能性，都会拓展我们的心量。

91 真理是很不方便的

有神论与非有神论（nontheism，译注：这里指的不是"无神论"[atheism]）的区别，并不在于你信不信神。这是一个跟众人攸关的议题，包括佛教徒及非佛教徒在内。有神论深信宇宙有一只手可以让我们抓住：只要我们行为正当，就会得到某人的欣赏和眷顾。这意味着，如果有需要，总会找到一个保姆的。我们都想把责任推给某个重要人物，把自己的权力让渡给别人。

非有神论则是以轻松的态度面对当下这一刻的暧昧不明和不确定性，而不去寻找什么东西来保护自己。有时我们以为佛法是个外在的东西———一个可以让我们信仰，拿来当成准则的理想。但佛法既不是信仰，也不是教条，而是要彻底识出无常与变易。当我们想抓住佛法的时候，它们就崩解了。我们必须不抱持希望，才能有所体悟。许多勇敢而慈悲的人早已对佛法有所体认，而且将它们传授了下来，其中的信息就是"无惧"。佛法绝不是让我们盲目追随的一种信仰。佛法完全不给我们任何可以攀附的东西。

与无常共处

非有神论最终了悟到,你是没有什么保姆可以依赖的。你才刚找到一个不错的保姆,不久他就离开了。非有神论了悟到,来了又去的不只是保姆,整个生命都是如此。这便是真理,而真理是很不方便的。

92 安住于无惧的状态

在一个叫做灵鹫山的地方,佛陀传了一则非常具有革命性的教法,传统称之为空观、绝对菩提心,或是般若波罗蜜多。

佛陀的许多弟子当时已经对无常和无我的道理有了深刻的认识——任何事物,包括我们自己在内,都不是坚实不变或可以预料的。他们因此而领略了贪婪和偏执必定导致痛苦。他们从佛陀那儿学到了这则真理,并且从禅定之中有了更深的体悟。但是佛陀很清楚,我们想找到坚实立足点的倾向是根深蒂固的。自我会利用任何一件事来维持安全的幻觉,包括对无常和无实体性的信念在内。

因此佛陀做出了一个惊人之举。借着空观的教诲,他把弟子们脚下的地毯彻底抽走了,于是弟子们终于体认了无所依恃的境界。他告诉他们,心中若是存有任何信念,都必须彻底放下,因为执著于任何对实相的描述,都会落入圈套里。那一日佛陀传达的主旨就是,执著于"任何"事物,都会障蔽住智慧。"任何"一个我们曾经下过的结论,都必须彻底放下。全然理解佛法和彻底实践佛法的唯一方式，就是安住于无条件的空性里，耐心地断除我们所有的执著倾向。

　　这便是世人所熟知的《心经》中的训诫——有关无惧的教诲。我们要做到的就是不再抗拒暧昧不明和不确定性，完全消解掉我们的恐惧。全然无惧就是彻底解脱的状态——敞开心胸、全心全意地与我们周遭的世界互动。同时要训练自己耐心地朝着这个方向迈进。学着安住于无依无恃的状态，逐渐就能体尝到无惧的滋味了。

93 最重要的悖论

《心经》中提到佛陀的大徒弟舍利子向观自在菩萨（慈悲的观世音）发问："我如何才能将般若智慧运用在身、口、意之中？这项修持的关键是什么？我该抱持什么样的观点？"

观自在菩萨的回答是佛法中最著名的悖论："色即是空，空即是色。空不异色，色不异空。"他的解说如同般若智慧本身，是无法表达、无法言传、无法想象的。如果不投射任何信念于事物之上，那么所谓的"色"也只是"如是"罢了。般若波罗蜜多象征着彻底清新、无拘无束的心，它具有无限的潜力。

"色即是空"指的是以单纯而直接的态度和当下的经验相连。首先我们要抹去所有的成见，甚至要放掉所有的信念，才能以毫无偏见的态度看待事物。不断地将脚下的毯子抽掉，我们才能理解，一切事物本来就是圆满的。

但"空不异色"又把情势翻转了过来。"空"仍旧不断地示现成生、老、病、死，战争与和平，苦恼与喜乐。这些事会一再地带给我们挑战，要我们学会面对活着的那份悸动人心的本质。基于这个理由，我们必须修习相对菩提心的四无量心法，以及自他交换的施受法。它们能帮助我们以开放无碍的心，全神贯注于活生生的当下。事情总有好的一面，也有坏的一面，无需再添加额外的东西了。

94 无依无恃

正念之中所有的修持都只有一个重点：钉牢当下。它会使我们钉住当下的时空点，如果我们能安住于那一点，不形成任何造作，不压抑，不归咎任何人，也不怪罪自己，我们就会遇见一个没有解答也没有尽头的疑问，同时我们也会跟真实的自己相遇。

关键就在继续探索而不追求保证，纵使我们发现事情并不如我们的想象。这是我们会一再发现的事：没有一件事符合我们的想象。我可以信心十足地说出这句话。空性不是我们想象的那样。正念或恐惧不是我们想象的那样。慈悲——也不是我们想象的那样。爱、佛性、勇气——这些都不是我们的心能够完全了解的密码，但我们都可能经验到它们。如果我们能静观事物瓦解，钉牢当下这一刻的话，就会明白这些词汇确实指出了生命的实相。

勇士菩萨之道并不是要让我们进天堂，或是让我们去一个很舒服的地方。想找到一个万事顺遂的地方，只会让我们继续悲惨下去。不断地趋乐避苦，就是我们轮回的原因，只

与无常共处

要我们还相信有某样东西可以永久解除我们的不安全感,痛苦就是在所难免的。真相是,事情永远都在转变。"无依无恃"便是快乐的根由。如果我们允许自己安住于其上,我们就会发现,它其实是一个温柔、开放、没有任何攻击性的状态。此即无惧之道的基础。

95 将所有的错都归于一

"将所有的错都归于一"的意思是，与其永远怪罪别人，不如"承认"自己正在归咎，"承认"自己正在愤怒，"承认"自己正感到孤单无依，然后学着和那份感觉做朋友。我们可以利用施受法来观察自己如何将愤怒、恐惧或孤单置于友爱的摇篮里，或者利用施受法来学习如何温柔地对待这些感觉。为了仁慈地对待自己，并创造出一种悲悯自己的氛围，你不能再告诉自己事情有多么糟了，你也不能再说服自己事情有多么美好了。

我鼓励你去做下面这个实验：把激起你情绪的对象从心中放掉，行施受法，看看那个所谓的情绪毒素能不能减低。我以前做这个实验的时候，因为疑心很重，所以有一阵子似乎不怎么管用。但随着信心的增长，我发现不但情绪的强度减低了，而且也不会持续那么久了，因为自我已经被新鲜的空气所净化。我们在根本上都是对"我"上瘾的人，如果能逆着习性，安住于自己的感觉，不怪罪别人，那么，这个巨大而坚实的"我"就会开始松动。

与无常共处

"将所有的错都归于一"之中的"一"这个字,指的就是自我保护的倾向:执著于自我。如果我们将所有的错都归于这份倾向,然后安住于自己的感觉,并充分去体会它们,那么这个持续而又独断的"我"就会开始松动,因为它只是一个由我们的意见、情绪和许多昙花一现——却又是活生生而具有说服力——的东西捏造成的。

96 当下就是良师

当我们的心量开始扩大时，我们也许会认为自己需要更大的灾难，来考验我们是否会逃回到惯性模式里。但有趣的是，我们越是开放，就越是发现，大事会立刻唤醒我们，小事却令我们防不胜防。不论灾难的大小、色彩或形状是什么，重点都在于立刻贴近令我们感到不舒服的那个部分，了了分明地看着它，不去试图护卫自己。

在练习禅定时，我们不去企图达到某种理想，反而安住在眼前的经验之上。如果我们时而产生洞见，时而又失去洞察，那么，这就是我们的经验；如果我们时而有胆量贴近自己所恐惧的感觉，时而又完全没胆量，这也是我们的真实经验。"当下就是良师"，乃是最深奥的一则训诫。如实看着眼前所发生的事——便是那个当下的教诲。我们可以安住于当下所发生的事，而不与之分离。在苦乐之中，在困惑与智慧之中，都可以发现觉醒之心。在我们怪异而不可解的日常生活里的每一刻，都可以发现它。

与无常共处

97 迎请未了之业

　　你可以将你所有的未了之业,带进自他交换的修持里。事实上,你确实应该迎接它,假设你正处在一个很恐怖的关系里:每次当你想到那个人,你就会火冒三丈。这种情况对施受法的修持是相当有用的。或者你觉得非常沮丧:今天你连下床的气力都没了,恨不得余生都躺在床上算了,你甚至考虑躲在床下过日子。这种情况对施受法的修持也是非常有用的。任何一种感觉上格外真实的偏执心态,对施受法的修持都是最有利的。

　　你也许正在一本正经地修着施受法,或是悠闲地啜着咖啡,突然,令你火大的那个人竟然出现在眼前。这时你要立刻把那股怒气吸入胸中。关键就在发展出对你自己的无明的一份同情心。方法就是不去归咎对方,也不责怪自己。存在的只有一股自由的怒火——乌黑而沉重。你要尽可能地去体验它。

　　把愤怒吸入胸中,把对象撇开,不再想他。事实上,他只是一个很有用的催化剂罢了。

98 四种安住的方法

当自己的意图是真诚的，但情况却变得困难时，大部分人都会需要一些帮助。我们可以善用某些基本的忠告来放松自己，并转化那些根深蒂固的攻击性和归咎的习性。

以下四种方法可以帮助我们敞开心胸，发展出耐性，而不至于落入惯性反应：

不要老是寻找箭靶 一切就看你怎么选择了。你可以强化老旧的习性，譬如一被激怒，立刻产生愤怒的反应，或者你可以安坐其上，逐渐减少这些习性。

联结心中的爱 安坐在强烈的愤怒之上，让这股能量教会你谦卑是什么滋味，使你变得更为慈悲。

把障碍视为导师 在我们即将暴怒的那一刻，请记住，你要学习的正是如何安住于焦躁和不适的感觉，就地放松下来。

将一切现象视为梦幻泡影 深思外在的情况，默观内心的情绪，还有眼前的这股巨大的自我感。不妨将这一切都视为刹那即逝、无任何实质性的记忆、影像或梦幻泡影。凭着

与无常共处

这份了悟，就能突破惊慌和恐惧。

如果发现自己正充满着攻击性，不妨记起下面这句话：我们既不需要攻击别人，也不需要压抑自己的感觉，嗔恨或羞耻感也都是没有必要的。至少要开始学着质疑自己的设定。不论在睡时或醒时，我们有没有可能只是从一个梦境过渡到另一个梦境罢了？

99　培养宽恕之心

宽恕是菩提心最重要的成分。它使我们有能力放下过去，重新开始。但宽恕是勉强不来的，我们一旦有足够的勇气对自己敞开心胸，宽恕自然会显现出来。

有一个简单的方法可以培养宽恕的能力。首先我们要认清自己的感受——羞耻感、报复心、窘迫感、自责。然后我们宽恕自己的人性反应。怀着不在痛苦中沉浮的精神，我们放下一切，重新开始。我们不需要再背负那些沉重的包袱了。我们可以认清真相，宽恕，重新开始。如果依照这个方式去做，我们将逐渐学会安住于因伤害自己和他人而产生的悔恨里，同时我们也学会了宽恕自己。按照自己的速度，逐渐地，我们甚至会有能力宽恕那些曾经伤害过我们的人。宽恕只不过是本善的一种表达，也是开放之心的自然展现。这份潜能就埋藏在每个当下。任何一个刹那，我们都有重新开始的机会。

与无常共处

100 一体的两面

生命是辉煌荣耀的，但生命也是悲惨不幸的。追求它荣耀的一面，能鼓舞我们，启发我们，振奋我们，为我们带来更大的视野，增添我们的能量。我们会因此得到一份归属感。但假如这就是生命的全貌，我们却可能变得自大而开始轻视别人。我们可能把自己看得过于重要，期待荣景能永远维持下去，结果这份荣景却因为渴望和上瘾的倾向而走了味。

另一方面，生命的悲惨不幸——人生的痛苦面——却能相当程度地软化我们的心。体认到痛苦，乃是体恤别人的要素之一。当你的心感到悲苦时，你才能直视对方的双眼，因为你已经没什么东西好失去了——你只是存在着。悲惨不幸的遭遇使我们的心谦卑柔软，但假如这就是生命的全貌，我们可能会过度沮丧和绝望，甚至连吃苹果的气力都没了。悲惨不幸需要辉煌荣耀为伴。其中的一面能鼓舞我们，另一面却能柔软我们的心。它们是相辅相成的。

阿底峡曾经说过："任何一面的现象产生时，都要耐心面对。"不论是辉煌荣耀，或是悲惨不幸，都必须耐心面对。"耐心"意味着让事情以自己的速度逐渐展开，而不立刻落入痛苦或快乐的惯性反应。在辉煌荣耀和悲惨不幸的底端，埋藏着一份真正的喜悦，它会因为我们那过于快速的惯性反应而短路。

在情况很安全的状态之下，不容易领略耐心的真谛。如果一切都很顺利，我们是学不到忍耐的真谛的。事情一帆风顺时，谁还需要去忍耐什么？待在舒适的家中，门上了锁，窗帘也放下了，一切都很和谐，可是事情一不顺利，我们就火大了起来。如果你一直都在追求和谐，企图让事情永远保持平顺，耐心就不容易培养出来。"耐心"意味着与其追求和谐，不如警醒地活着。

101 僧团

皈依"僧"——指的是菩萨勇士之道的同修们——并不意味着我们加入了一个由好友们组成的俱乐部,大家聚在一起谈论着本善,以一副智者的姿态批评那些不同道的人。皈依"僧"真正的意思是,皈依那些致力于脱下盔甲的兄弟姐妹们。

假设我们生活的世界就像一个大家庭,里面的成员都致力于脱下身上的盔甲,那么其中最有效的学习方式,就是表达出我们的善意,彼此响应心中的感想。通常当某个人在自怨自艾时,人们会拍拍他的肩膀,然后说道:"哎!你真是不幸。"或者,"看在老天的份上,赶快放下吧!"但如果你真的在致力于脱下身上的盔甲,而你知道对方也在这么做,那么下面这种方式,才能真的把佛法变成一份礼物送给他:怀着深切的仁慈和爱,说出你自己的经验,把自己在悲惨不幸时由别人那里获得的智慧,分享给他。你鼓励他不要陷入自怜,要明白这才是成长的大好机会,而且每个人都会经历相同的情况。

101　僧团

换句话说,"僧团"指的是一群能帮助彼此脱下盔甲的人,方法则是不去鼓励彼此继续穿着厚重的盔甲。每当我们看到对方正在崩溃或是顽强地抗拒着——"不,我喜欢我的盔甲"——这时就是个很好的机会,我们可以利用这个机会告诉对方,其实在厚厚的盔甲之下,有许多伤口已经化脓了,而稍微照一下阳光是无害的。这才是皈依"僧"真正的含义。

102　就像我一样（就地发慈悲心）

　　发慈悲心的结果，是会让我们对痛苦的缘由产生深入的理解。我们发愿不但外在的痛苦能减轻，而且我们所有人也都不再助长无明和困惑。我们发愿从偏执和狭隘中解脱出来，并且发愿消融掉自他之分的迷思。

　　如果能在超市里发慈悲心，特别能带来帮助。你不妨在这个充满着矛盾和不可预料的地方进行这项练习。在这种地方发愿，不但能转化自己的意图，还能立刻采取行动。依照传统的说法，这就是在培养双重的菩提心：发愿和行动。我们在不断目睹着一些痛苦，有时发愿和行动可能是唯一能产生效果的方法。

　　我在各种情况下都会依此法来修炼——譬如早餐桌上、禅修室里、牙医诊所中。站在超市结账的队伍里，我可能会注意到前面的那个旁若无人的青年，这时我会在心中发愿："但愿他能解脱痛苦以及痛苦的根源！"在电梯里如果身旁站着一位陌生女性，我会注意她的鞋子、她的手，以及她脸上

102 就像我一样（就地发慈悲心）

的表情，然后在心里默想她一定跟我一样，不愿生活里有压力，她跟我一样心里会有担忧。透过我们的希望和恐惧、快乐与痛苦，我们是深深相连的。

103 修持五力，此乃浓缩的修心精要

我们可以利用五力来增进发菩提心的修习。这五种方式可以加强勇士的信心和愿力：

1. 培养坚强的意志力和奉献精神，敞开心胸面对人生的遭遇，包括我们的沮丧在内。身为一名培训中的精神勇士，我们要全心全意运用不舒畅的感受作为觉醒菩提心的机会，而不是想办法让它消失。这份决心将引发心中的力量。

2. 熟记菩提心的教法，将它们运用在正式的修炼和就地的行持中。无论发生什么事，都要用它来觉醒菩提心。

3. 无论当时的情况是快乐还是悲惨，都要灌溉我们的菩提善种，如此才能对心中正向的种子产生更大的信心。不妨在生活中找到一些可以激发善性的方法。

4. 善用破斥力——怀着友爱与幽默——在我们伤害自己和他人之前，实时发现自己的执著。最温柔的方式就是问一问自己："我以前有没有做过同样的事？"

5. 滋养发愿的习惯，但愿痛苦及导致痛苦的种子能减少，

而智慧和慈悲能增长。滋养良好的习惯，来培养心中的善性和开放性。纵使无法采取行动，也要发愿找到勇士的力量和爱的能力。

104 扭转轮回

每一个举动都很重要,每一个意念和每一种情绪都很重要。当下就是我们的道途,当下就是应用佛法的时刻。人生太短暂了,即使活到一百零八岁,还是无法看尽它精采的情境。佛法就是我们的每一个行为、思想和话语。我们至少得有意愿看见自己又生起烦恼心了,而且能毫不尴尬地办到这一点。我们能不能不再认为自己有问题,而只是做个在当下就放松下来、不再那么轻易被论断的普通人。

佛法可以治疗我们的创伤——一些老旧的伤害——但它们并非来自原罪,而是源自一份误解。这份误解已经太古老了,所以我们看不见它。治疗的方法就是以慈悲的态度面对自己的真相,并且开始认清自己的窘境是有解的。我们总是陷在紧抓不放和僵化事物的模式里,如此一来就会一再引发相同的意念,也一再引发相同的反应。我们就是如此这般地投射出了我们的世界。但如果能认清这一点,纵使是三星期里只有一秒钟,都能逐渐令我们有能力倒转僵化事物的习性,停止自闭的倾向,放下老旧的包袱,跨进崭新的境界。

如何才能办到呢？答案很简单，把佛法应用在自己的日常生活里，全心全意地探索，放松下来。

105 过程就是目标

如何才能善用既定的人生，使自己更有智慧而不是更加僵化？在个人的层次上，智慧的源头到底是什么？

这些问题的答案，似乎跟"将遭遇到的一切事物带上道"有关。一切事物本来都有它们的基础、过程和结果。这就等于在说，凡事都有开始、中途和结尾。但也有人说过，解脱道既是基础，又是结果。道上的过程就是目标。

此道有一个明显的特质：它不是虚构出来的。它也不是预先就存在的。我们所说的"道"，乃是自身经验在每一个刹那的进化过程，也是我们的念头和情绪在每个刹那的演化过程。这条道路没有一个预先标示好的地图。每一个刹那，它都会出现在眼前，但同时又消失于我们的身后。

我们一旦了悟过程就是目标，自然会有一种"凡事都有解"的感受。从我们困惑的心中生起的每一个现象，都可以被视为解脱之道。凡事都是有解的。

106 强化的神经官能症

我们或许会以为,一旦修持了菩提心法,自己的惯性模式就会放松了——我们会一天比一天,一个月比一个月,更能敞开心胸,更有韧性,更像个勇士。但持续修炼的结果却是惯性反应变得更为强烈,这就是所谓的"强化的神经官能症"。这件事自然而然会发生。虽然尝到了不依不恃的滋味,虽然渴望自己能保持稳定、开放和伸缩自如,但我们仍旧会紧抓着惯性模式不放。

譬如,我们可能会发展出一种根植于宗教理想的自责模式。勇士的修炼变成了另一种觉得自己不够格的自责方式。或者我们会利用修行来助长自己的独特感,竖立更高的自我形象,以及傲慢自大的感觉。也许我们很真诚地希望自己能放下那些无用的包袱,但是在此过程中,却会利用佛法与那些混乱不安的内在特质保持距离,我们会利用精神修持来逃避心中那股反胃的不悦感。

我要说的是,我们会因循惯性模式,将自己附着在菩提心的修持方法上,或是黏着在强调不"不黏着"的修炼之上。

与无常共处

但也因为我们在修炼,才有可能以慈悲的胸怀看着自己的所作所为。我们的内心目前正发生什么事?我们是否有不安的感觉?我们是不是继续对自己的剧情故事深信不疑?我们是否在利用精神修持规避自己所惧怕的事物?我们很容易忽略自己仍旧在寻找立足之地。我们必须逐渐发展出自信心,相信只有放下执著才能解脱。我们要不断地发慈悲心。我们需要一些时日才能拓展出探索的热情,看看保持心胸开放到底是什么滋味。

107 慈悲的探索

我们一旦对恐惧抱以好奇和乐于接受的态度,一种根本上的变化就发生了。与其终生浪费在紧张的反应里,我们发现自己竟然可以跟崭新的当下相连,而终于放松了下来。

方法就是以慈悲的态度探索我们的情绪和念头。慈悲地探索自己的内在反应和对治问题的策略,乃是觉醒过程里最根本的方法。老师鼓励我们对自己的神经官能症保持好奇,尤其是当我们的对抗机制瓦解时。如此我们才有可能不再对自己的迷思深信不疑,那时我们才终于不再和自己分裂,不再抗拒自己的情绪能量了。这就是我们安住于本善的修行方式。

这项修持是永无止境的。从踏上菩萨道的那一刻开始,到我们开始彻底相信自己那早已解脱的无条件、无偏见的心,这中间的每一个刹那,我们都要臣服于当下的实相。怀着毅力和仁心,我们放下自己所执著的自我形象和对他人的成见,我们放下自己的掌控模式,我们放下那些障碍住我们的仁心的习惯。在不断修持的过程中，我们会经历许许多多的挑战，以及无数个充满着启示的岁月，最后我们终于发展出了对无依无恃状态的爱好。

108 永远维持喜悦的心情

"永远维持喜悦的心情!"听起来像是一个永远无法达成的愿望。有位男士曾经对我说:"永远是一段很漫长的时间啊!"然而一旦学会如何去除心中的障碍,我们就会发现,每一个刹那都包含了流畅无阻的开放性和热情,它们都是无限喜悦的征兆。

下面就是我们培养喜悦的途径:学习不去防卫我们的根本善性,学习对我们所拥有的一切感恩。大部分时候我们都不会这么去做。我们不但不感恩,还会继续挣扎和助长心中的不满。那就像是在花园里灌水泥,以为花儿们会因此生长。

采用发菩提心的方法,到了某个阶段,我们可能会领略到当下这一刻的神奇性;我们可能会逐渐觉醒,而意识到自己一直是活在神圣世界里的一名勇士。此即不断发现无限喜悦的历程。当然,我们不可能永远都体验到它。但是年复一年的,我们会越来越能感受到它。

回向文

将本书的功德回向给众生，

愿众生都能成就无漏智，

并能借着它来击溃一切罪恶。

愿我能帮助一切众生，

从生、老、病、死的轮回苦海中解脱出来。